超絵解本

◀三葉虫、アノマロカリス、恐竜…
個性豊かな太古の生き物たち▶

奇妙な生き物のオンパレード

古生物のせかい

アノマロカリス
マーレラ
ミグアシャイア
アンモナイト
オパビニア

はじめに

今からおよそ 40 億年前，地球では最初の生命が誕生したとされています。それから長い年月をかけて，生命は多様に進化してきました。過去の地球に生息していた生物の多くは絶滅してしまい，化石という形でしかふれることができません。しかし，多くの研究者たちによって，そういった「古生物」たちの姿形や生態が明らかになっています。

本書では，先カンブリア時代，古生代，中生代，新生代と時代を追いながら，それぞれの時代を代表する古生物たちを紹介していきます。まるでその時代を見てきたかのような，精細で躍動感のあるイラストを眺めているだけでも，ワクワクすることまちがいなしです。

個性豊かで愛らしい，古生物たちの魅力と不思議がつまった一冊となっています。どうぞお楽しみください。

4 地上に君臨した恐竜たち 中生代

5 哺乳類が繁栄する 新生代

5億3900万年前

原生代（げんせいだい）

エディアカラ紀（き）
（約6億3500万～5億3900万年前）

→24ページ

カンブリア紀（き）
（約5億3900万～4億8500万年前）

→30ページ

オルドビス紀（き）
（約4億8500万～4億4400万年前）

→42ページ

2億5200万年前

中生代（ちゅうせいだい）（恐竜（きょうりゅう）たちの時代（じだい））

三畳紀（さんじょうき）
（約2億5200万～2億100万年前）

→80ページ

ジュラ紀（き）
（約2億100万～1億4500万年前）

→84ページ

白亜紀（はくあき）
（約1億4500万～6600万年前）

→90ページ

2億5200万年前

古生代　（節足動物と魚類の時代）

シルル紀
（約4億4400万～4億1900万年前）

→50ページ

デボン紀
（約4億1900万～3億5900万年前）

→58ページ

石炭紀
（約3億5900万～2億9900万年前）

→68ページ

ペルム紀
（約2億9900万～2億5200万年前）

→74ページ

6600万年前

新生代（哺乳類の時代）

古第三紀
暁新世（約6600万～5600万年前）
始新世（約5600万～3400万年前）
漸新世（約3400万～2300万年前）

→110ページ

新第三紀
中新世（約2300万～530万年前）
鮮新世（約530万～260万年前）

→120ページ

第四紀
更新世（約260万～1万2000年前）
完新世（約1万2000年前～現在）

→130ページ

1

生物の誕生にせまる 先カンブリア時代

地球は，今からおよそ46億年前に誕生しました。地球の誕生から約40億年間つづいた時代を先カンブリア時代とよびます。生命はこの時代に誕生し，進化してきたとされています。最初に生まれた生物とは何か，どのようにして生まれたのか。地球の歴史とともにみていきましょう。

グリーンランドで発見された最古の海の証拠

今から約46億年前に太陽系が生まれ，地球の歴史もはじまりました。**誕生直後の地球表面は，マグマの海におおわれていたといいます。そこに溶けこんでいた水蒸気は蒸発し，原始大気が形成されました。**やがて地球全体が冷えてくると，マグマの海の表面が固まり，薄皮のような原始地殻がつくられました。**同時に，原始水蒸気大気は不安定になり，大気中の大量の水蒸気が凝結して，豪雨となって地表に降りそそぎました。海の誕生です。**

海底に噴出した溶岩は，その表面が海水で瞬時に冷やされるため，噴きでたときの形のまま丸くなり，低地で重なるようにして固まります（枕状溶岩）。38億年前の枕状溶岩がグリーンランドで発見されていることから，海は遅くともそのころには存在していたと考えられます。

一方，約44億400万年前の花崗岩がカナダで発見されています。花崗岩は海がないとできないため，海はその当時すでに形成されていたとする説もあります。

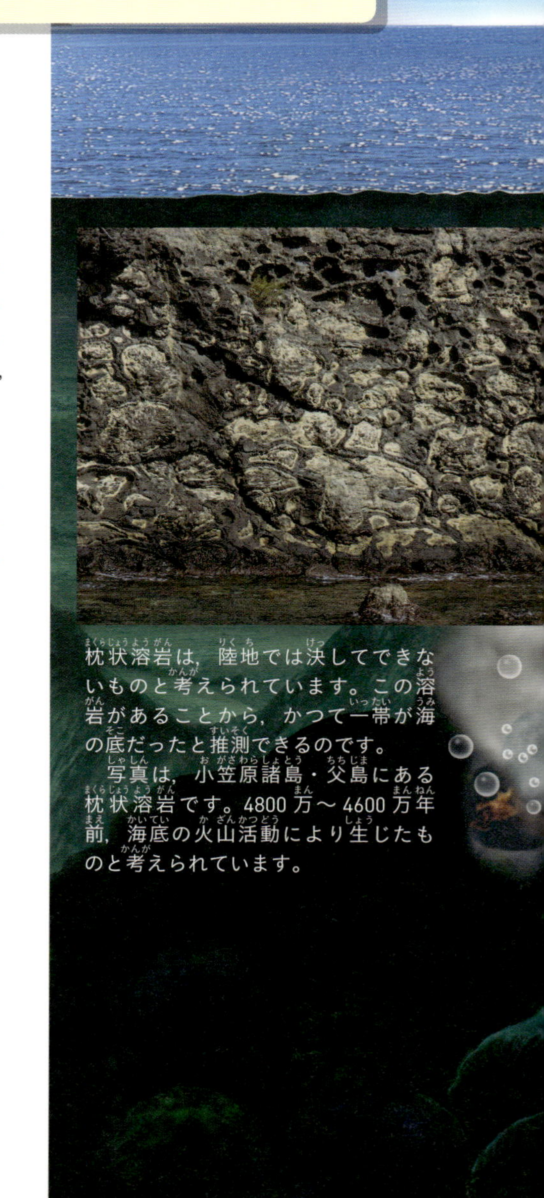

枕状溶岩は，陸地では決してできないものと考えられています。この溶岩があることから，かつて一帯が海の底だったと推測できるのです。

写真は，小笠原諸島・父島にある枕状溶岩です。4800万～4600万年前，海底の火山活動により生じたものと考えられています。

枕状溶岩
何層にも積み重なる
枕状溶岩

最初の生命はどのように出現したのか

ロシアの生化学者アレクサンドル・イワノビッチ・オパーリン（1894～1980）は，生命の起源について「化学進化説」をとなえた先駆者です。この説では「まず大気中の無機化合物が反応し，低分子の有機化合物がつくられた」と考えます。次に「低分子の有機化合物から高分子の有機化合物がつくられ，海の中にたまっていった（原始スープ）」とします。**そして，「原始スープからタンパク質を含む細胞の原型ができて複雑な化学反応をくりかえし，最初の生命となった」というものです。**

一方で，生命誕生の場は深海の「熱水噴出孔」であると考える研究者もいます。熱水噴出孔とは，地下のマグマによって熱せられた，300℃近くの水が海底から噴きだす煙突のような場所です。約40億年前，この熱水に含まれるメタンやアンモニアなど（無機化合物）をもとに，タンパク質や核酸など（有機化合物）がつくられて原始細胞が生まれ，代謝をはじめて生命になったといいます。

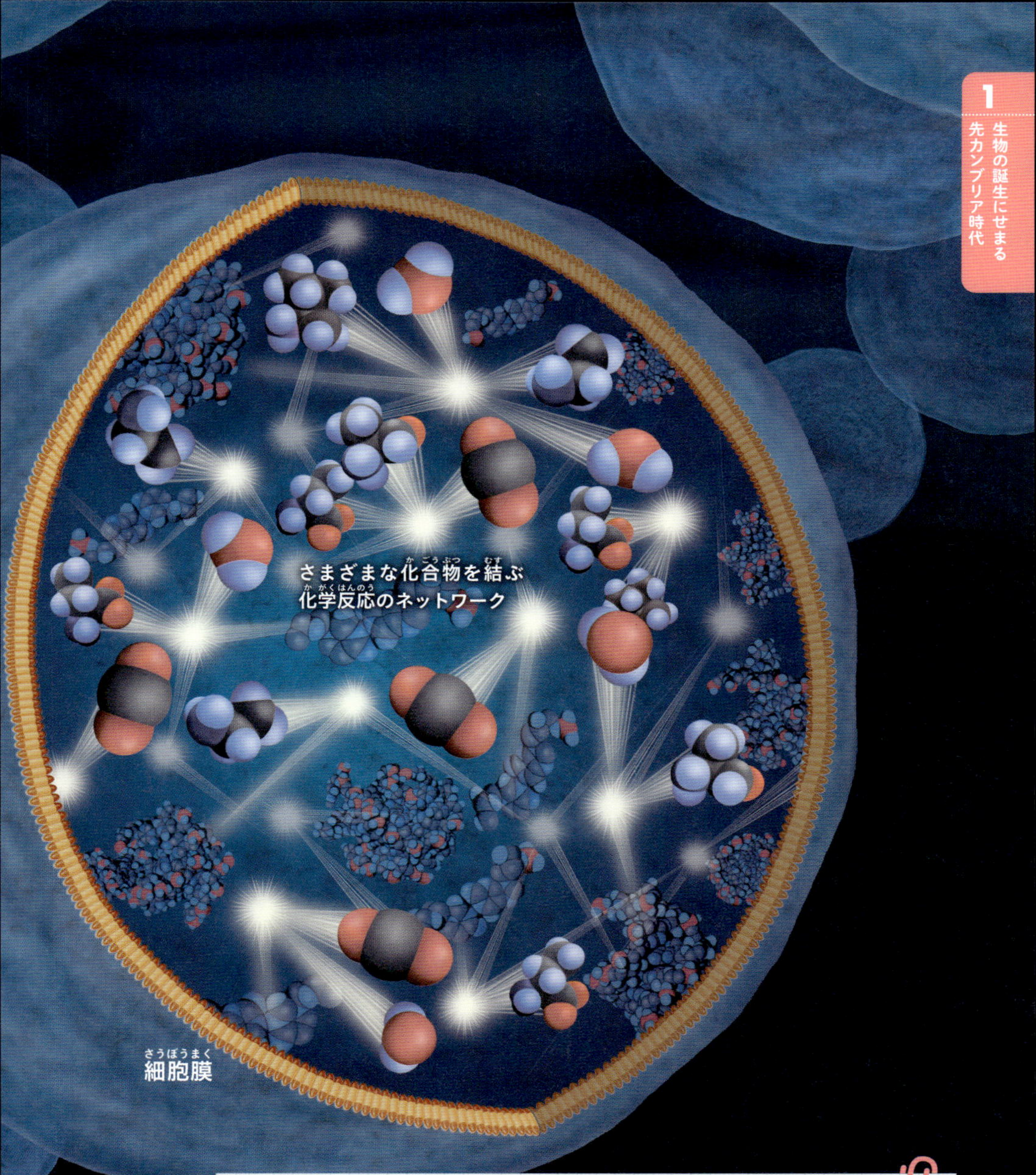

さまざまな化合物を結ぶ
化学反応のネットワーク

細胞膜

原始の生命

細胞膜の中にさまざまな化合物が閉じこめられ，化学反応をくりかえすことで誕生したとする原始の生命の想像図です。膜で外界と仕切られることにより，さまざまな分子が出合う確率が高くなり，化学反応を活発におこすうちに，生命活動をいとなむ原始的な細胞が誕生したと考えられます。

光合成を行う生物の登場

シアノバクテリア

シアノバクテリアが放出した酸素は，最初は海中の鉄イオンと結合して酸化鉄となりました。やがて海中の鉄イオンが少なくなると，海中の酸素濃度が上昇し，酸素は大気へと広がっていきました。このころの大気には酸素がまったくありませんでしたが，今から約24億5000万年前になると，大気中の酸素濃度は現在の10万分の1以上になったと考えられています。

Synechocystis という種類のシアノバクテリアをえがきました。シアノバクテリアには，細胞が球形で一つひとつ分かれているものや，複数の細胞がつらなってひものような形をつくるものなど，さまざまな種類があります。

原始の海で初期に登場した生命は，海中の有機化合物を分解して発生するエネルギーを利用して生命活動を行っていたようです。

有機化合物を食物とする生物がふえるにしたがい，豊富にあった海中の有機化合物は消費され，次第に減っていきました。生命は，新たなエネルギー源が必要になります。**このとき海中にあらわれたのが，「光合成細菌」です。**光合成細菌は細胞内で光合成を行い，有機化合物をつくりだすことができる細菌です。初期の光合成細菌は，光合成によって，硫化水素と二酸化炭素から有機化合物（糖）と硫黄を合成していました。

今から30億年前ごろ，すぐれた光合成能力を備えた「シアノバクテリア」があらわれました。**シアノバクテリアは海の浅瀬に「ストロマトライト」とよばれる構造物を形成し，その表面で光合成を行うことで，水と二酸化炭素から有機化合物（糖）と酸素を合成したのです。**

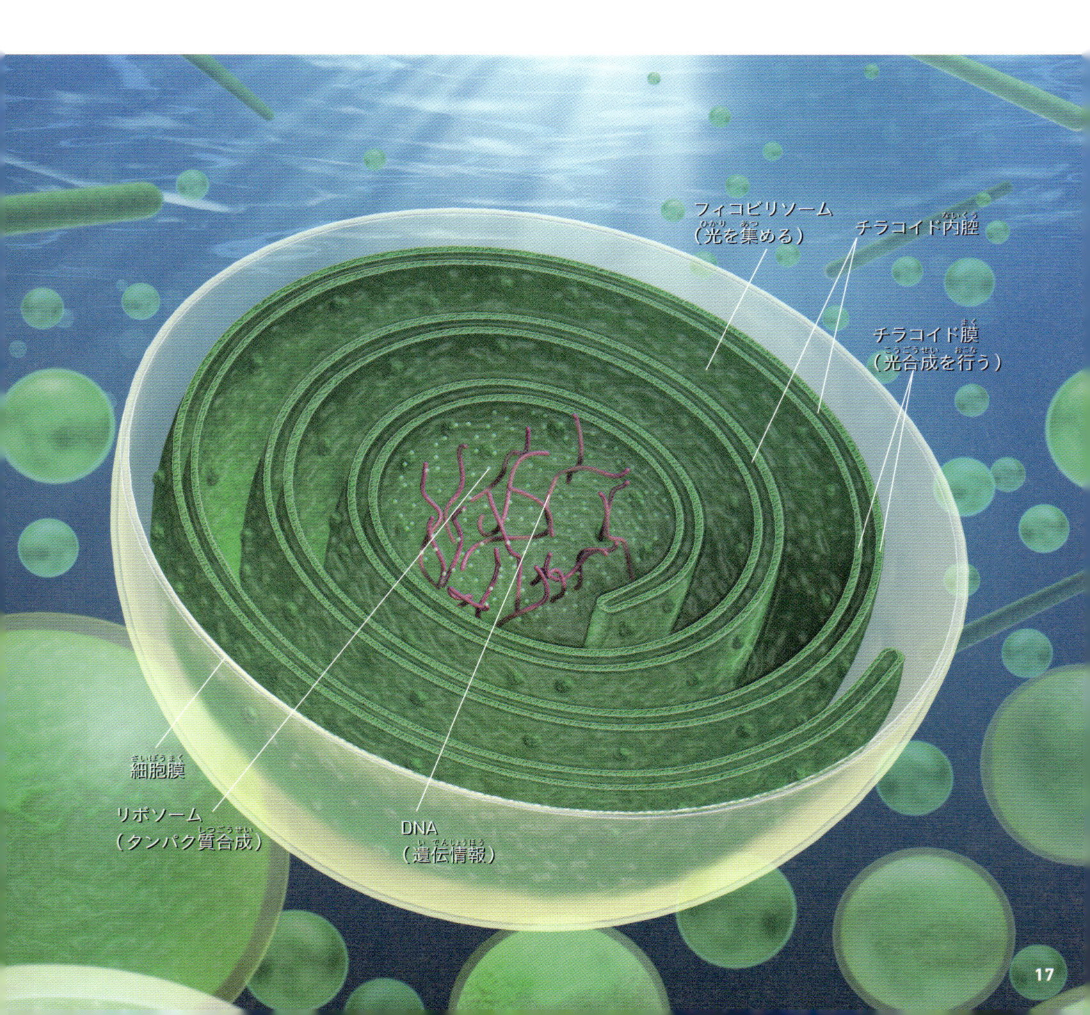

約25億年前，地球は 氷でおおわれていた

今から約24億5000万年前と約7億3000万年前，地球は極端に寒冷化し，表面全体が氷におおわれたといいます。**これは「全球凍結※（スノーボール・アース）」とよばれています。**全球凍結時の地球環境は，通常の氷河時代よりもはるかにきびしくはげしいものでした。**北極や南極，高緯度地域はもちろん，赤道までもが氷におおわれ，地表の気温はマイナス40℃，海をおおう氷の厚さは1000メートルに達したといいます。**

全球凍結中の地球でも，表層は氷に閉ざされていたものの，熱水噴出孔を含む海洋深部や火山地域など凍らない場所もありました。そうした場所で生きのびることのできた細菌などの生物もいたでしょう。その後，地表に露出した火山から噴きだす二酸化炭素の温室効果によって，氷は溶けたとみられています。

氷が溶けると，風化作用により陸から大量の栄養素が海に供給されます。**シアノバクテリアはこの豊富な栄養によって一気に大増殖し，活発な光合成によって酸素濃度を急上昇させたのです（大酸化イベント）。**

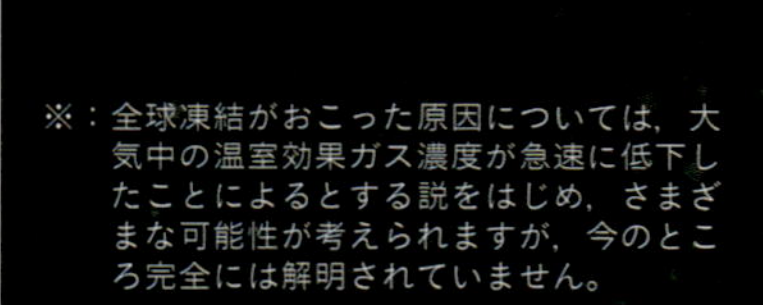

※：全球凍結がおこった原因については，大気中の温室効果ガス濃度が急速に低下したことによるとする説をはじめ，さまざまな可能性が考えられますが，今のところ完全には解明されていません。

全球凍結

凍りついたのは水深1000メートルほどまでで，深海は凍っていなかったと考えられます。太陽光は氷の下まで届かないので，当時の地球では光合成を行う生物の大部分が死滅したはずです。熱水噴出孔から出たリンなどの栄養素は，これらを消費する生物が少ないため，海中にどんどん蓄積されていきました。

オゾン層は生物を紫外線から守る“バリア”

酸素原子が三つ結合した分子が「オゾン(O_3)」です。**地上から約2万〜2万5000キロメートル上空の領域(成層圏内)にはオゾンがとくに集中しており,「オゾン層」とよばれています**。オゾン層は,私たち生物にとって有害な紫外線を吸収する役目をはたしています。

オゾン層ができたのは,酸素濃度が上昇したおよそ24億5000万年前と考えられています。大気中の酸素分子に比較的波長の短い紫外線が当たると,酸素分子(O_2)は二つの酸素原子(O)に分解されます。すると酸素原子はほかの酸素分子と結合し,オゾンができます。できあがったオゾンは比較的波長の長い紫外線を吸収し,みずからは酸素分子と酸素原子に分解されます。

当初は現在のような上空ではなく,地表付近でオゾンの濃度が高かったと考えられます。酸素濃度が低いうちは紫外線が地表付近まで到達し,オゾンの生成が地表付近で行われたはずだからです。地球上の酸素濃度は6億年ほど前にも急上昇したとされますが,このころになるとオゾンの生成は,現在と同じように成層圏で行われるようになっていた可能性が高いようです。

オゾン層は2段階で形成された?

約24億5000万年前にはじめて形成されたオゾン層は,紫外線が地表付近まで到達していたため,地表付近が最も濃度が高かったと考えられています。右ページは,上空で形成されるようになった約6億年前のオゾン層をえがきました。オゾン層が形成され,また生物の上陸準備もできたことによって,古生代・オルドビス紀になると最初の陸上植物が出現します。

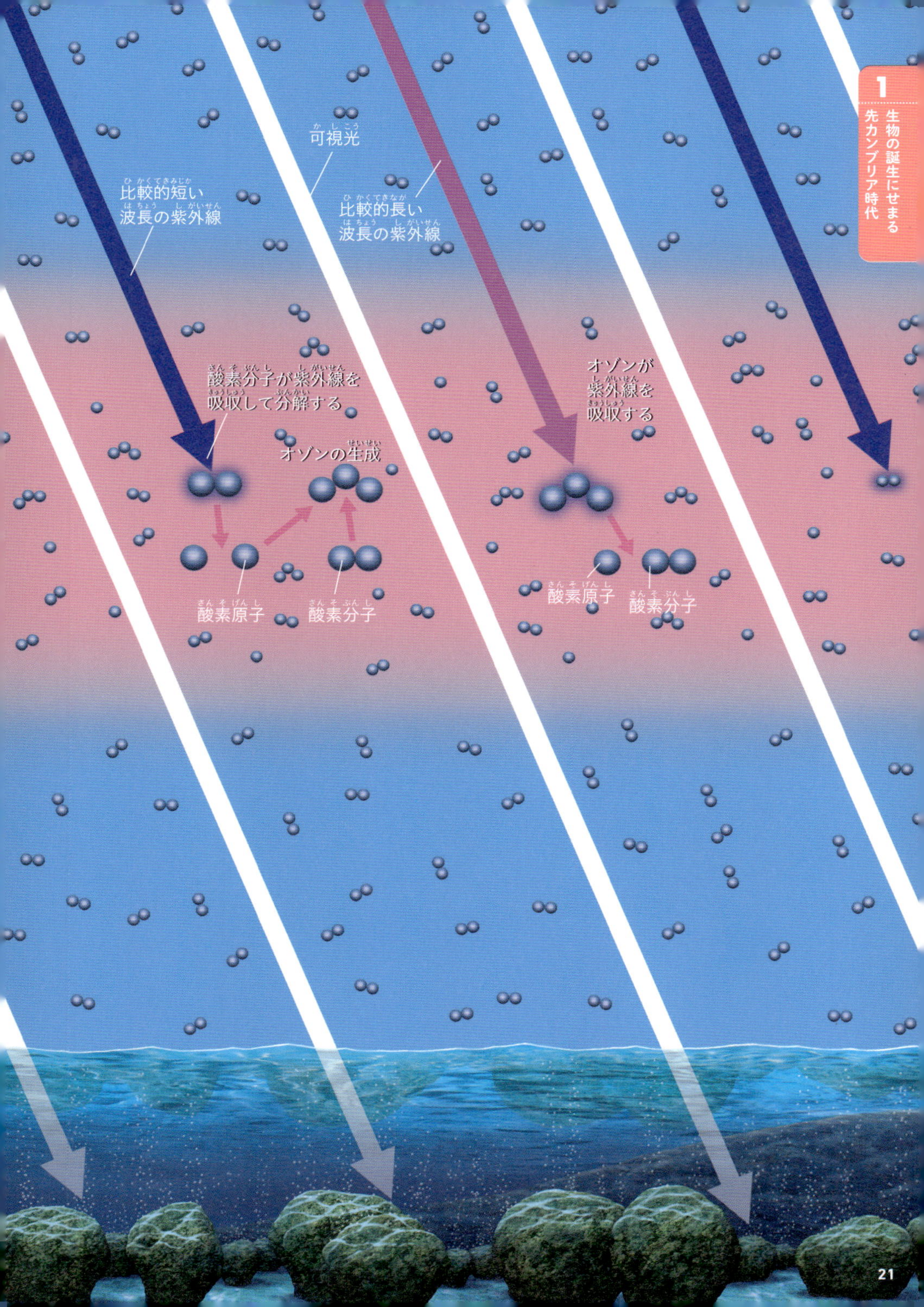
可視光
比較的短い波長の紫外線
比較的長い波長の紫外線
酸素分子が紫外線を吸収して分解する
オゾンの生成
酸素原子
酸素分子
オゾンが紫外線を吸収する
酸素原子
酸素分子

最古の超大陸「ヌーナ」とは

地球の表面は「プレート」とよばれる，十数枚の板状のかたい岩盤におおわれています。大陸はプレートの上にのっており，プレートとともに1年に数～10センチメートル程度の速度で動いています。プレートどうしが“衝突する”場所では，プレートは地中へと沈みこんでいきます。しかしプレートの上に大陸がのっていると，大陸は沈みこむことができずに盛り上がり，高い山脈が形づくられます。

こうしてできた大山脈は，年月を重ねるうちに雨や風でけずられ，最終的には平地になりますが，地下には山脈の痕跡が残されます。**さまざまな国の地質学者が行った調査によると，現在までに19の“過去の山脈”が発見されているといいます。**

1980年代，カナダの地質学者ポール・ホフマン（1941～）は，これらの中から北アメリカ・グリーンランド・北ヨーロッパにある5か所の配置が似ていることをきっかけに，各大陸の同時代の地層をパズルのように組み合わせました。**すると山脈の配置に加え，その周辺の岩石の種類までもがぴたりと一致したといいます。彼はこれらがかつて一つの大陸だったと考え，「超大陸ヌーナ※」と名づけました。**

※：超大陸という単語に，厳密な定義はありません。本書では「現在地球上にある大陸が，複数集まった巨大な大陸」を超大陸としています。

注：イラストは山脈を強調してえがいています。
また，河川や雪は当時を想定したものです。

超大陸ヌーナ

今から約19億年前，現在の北アメリカ・グリーンランド・北ヨーロッパの一部が1か所に集まり，超大陸ヌーナを形成していました。ヌーナ（Nena）とは，「North Europe and North America」に由来します。ヌーナ以降も，大陸は分裂と集合をくりかえしながら，ときに超大陸をつくっていくことになります。生命は，こうした大陸の歴史とともに進化しました。

眼も足もない軟体性の生物が出現した

原始生命が誕生してから約35億年の時間をかけて，生命は原核生物から真核生物へ，そして多細胞生物へと進化していきました。5億7000万年前ころになると，生命ははじめて大型の体をもち，化石として発見されるようになります。

1947年，オーストラリア南部のエディアカラ丘陵で，海洋生物の化石が発見されました。この地層は，古生代・カンブリア紀（約5億3900万～4億8500万年前）以前のものでした。この生物は動物とも植物ともいえず，研究者の間でも共通の見解がありませんでした。しかし，最近の研究で，移動した痕跡や地面を引っかいて何かを集めた痕跡などが発見され，少なくとも一部の生物は動物であると結論づけられています。

ここでみつかった「エディアカラ生物群」は，すべて軟体性の海洋生物だと考えられています。殻や眼，歯もなく足もありませんでした。

カルニオディスクス
海底に体を固定し，海水中の有機化合物をこし取っていたといいます。

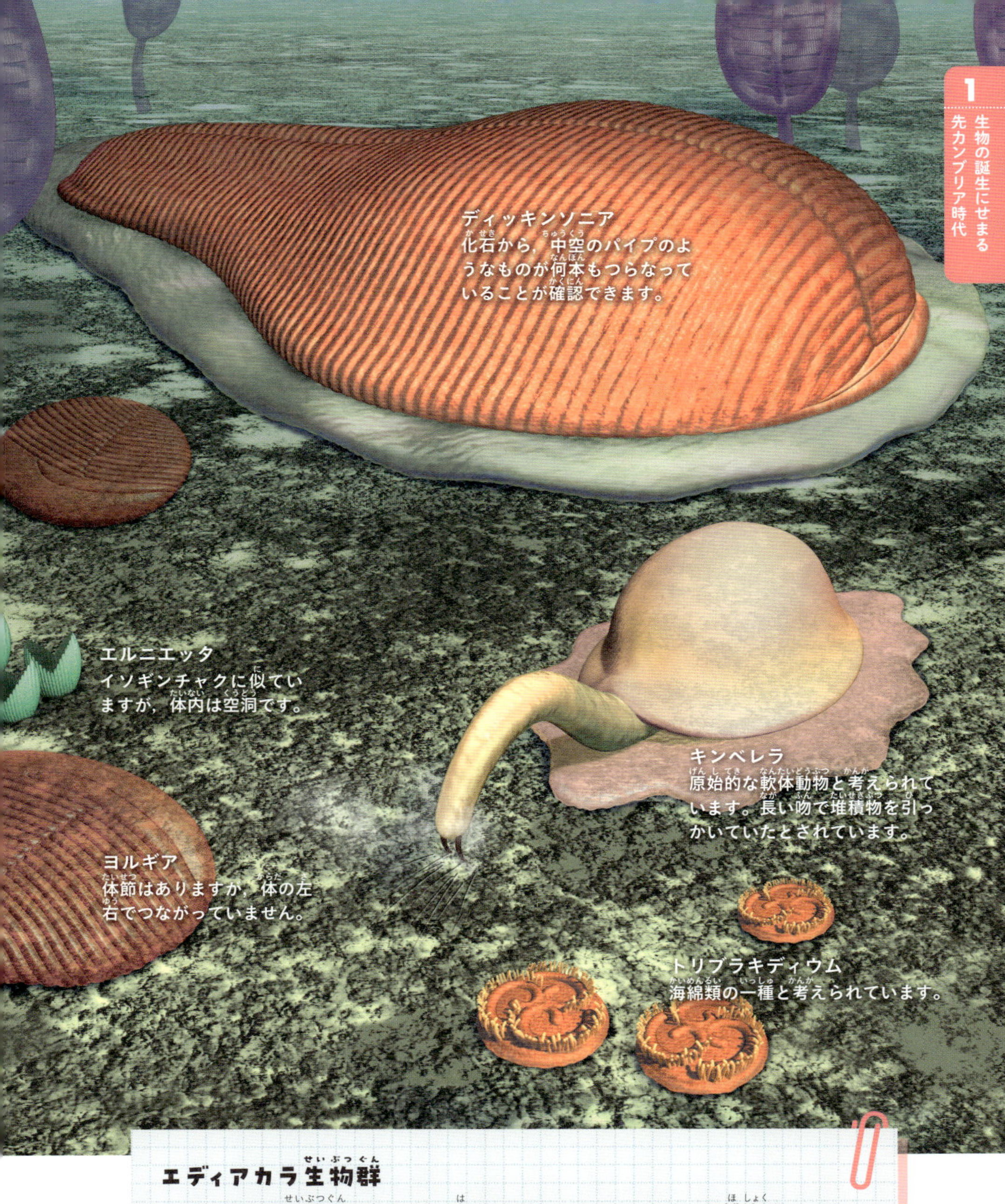

ディッキンソニア
化石から，中空のパイプのようなものが何本もつらなっていることが確認できます。
エルニエッタ
イソギンチャクに似ていますが，体内は空洞です。
キンベレラ
原始的な軟体動物と考えられています。長い吻で堆積物を引っかいていたとされています。
ヨルギア
体節はありますが，体の左右でつながっていません。
トリブラキディウム
海綿類の一種と考えられています。

エディアカラ生物群

エディアカラ生物群は，かたい歯などがないため，たがいを捕食することはせず，海底に繁茂していたシアノバクテリアなどを食べていたとみられています。古生代・カンブリア紀以降にみられる本格的な食う・食われるの関係がまだ成立していないと考えられることから，旧約聖書の楽園である「エデンの園」にちなみ，この時代を「エディアカラの園」とよぶことがあります。

コーヒーブレイク

Column COFFEE BREAK

生命は大陸の歴史とともに進化した

右のイラストは，**約38億年前から，現在とほぼ変わらない配置となった約6億年前までの，大陸の変化をえがいたものです**。陸は，ときにほかの大陸と陸つづきとなり，その結果，ほかの大陸からの生物進入をまねきました。移動した先で進化したものもいれば，その影響で絶滅したものもいました。また，大陸の移動は海の姿をも変え，そこで暮らす生物に大きな影響をあたえました。

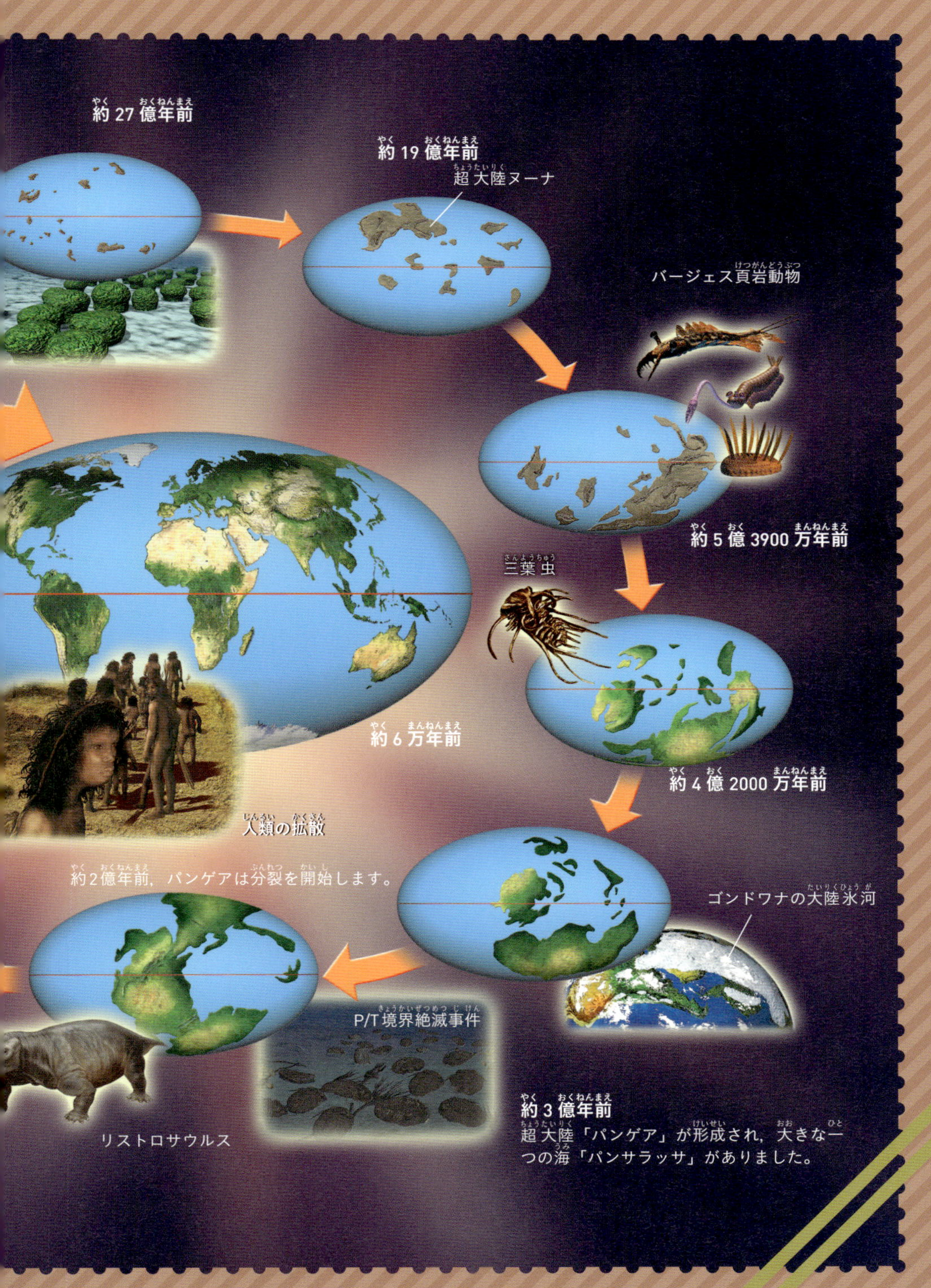
約27億年前
約19億年前
超大陸ヌーナ
バージェス頁岩動物
約5億3900万年前
三葉虫
約6万年前
約4億2000万年前
人類の拡散
約2億年前，パンゲアは分裂を開始します。
ゴンドワナの大陸氷河
P/T境界絶滅事件
リストロサウルス
約3億年前
超大陸「パンゲア」が形成され，大きな一つの海「パンサラッサ」がありました。

2

多様な生物が出現

古生代①

古生代で最も古いカンブリア紀に，生命は突然多様化します。いわゆる「カンブリア爆発」です。カンブリア爆発により，現在に生きる動物の門がほとんど出そろいました。この章では，アノマロカリスといった古生代前半に出現した多様な生物を紹介します。

生命が爆発的に多様化していった

カンブリア爆発で3門から38門へ

ここにえがいた各動物のイラストは，その動物群を代表する種のイメージです。カンブリア紀以前の地層には，海綿動物門など三つのグループしかいませんでしたが，カンブリア紀に入って数百万年で，現在と同じ38門が出現したとされています。

有櫛
動物門

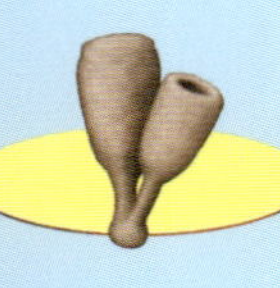

海綿
動物門

刺胞
動物門

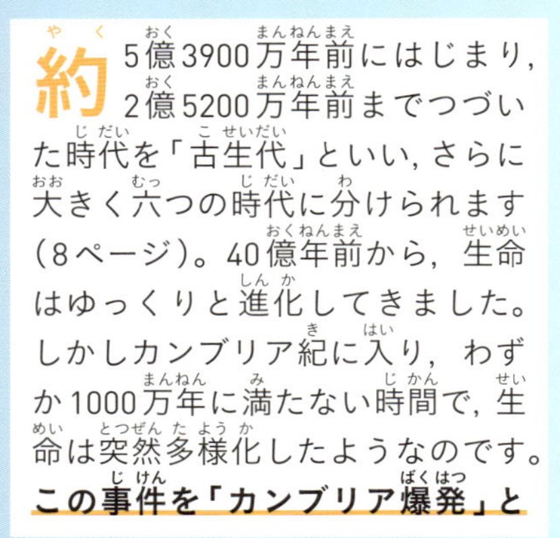

約5億3900万年前にはじまり，2億5200万年前までつづいた時代を「古生代」といい，さらに大きく六つの時代に分けられます（8ページ）。40億年前から，生命はゆっくりと進化してきました。しかしカンブリア紀に入り，わずか1000万年に満たない時間で，生命は突然多様化したようなのです。**この事件を「カンブリア爆発」とよびます**。この多様化は，あとにも先にもこのときだけとされます。カンブリア爆発により，化石で追うことのできる「生命の歴史」が本格的にスタートしたといえます。

注：動物の分類（門数）は，イギリスの古生物学者アンドリュー・パーカー博士やイギリス・アバーディーン大学のデータベースにしたがいました。また，門の名称は，アバーディーン大学によるものを参考にしています。

先カンブリア時代　　カンブリア紀

10億年前　　5億年前

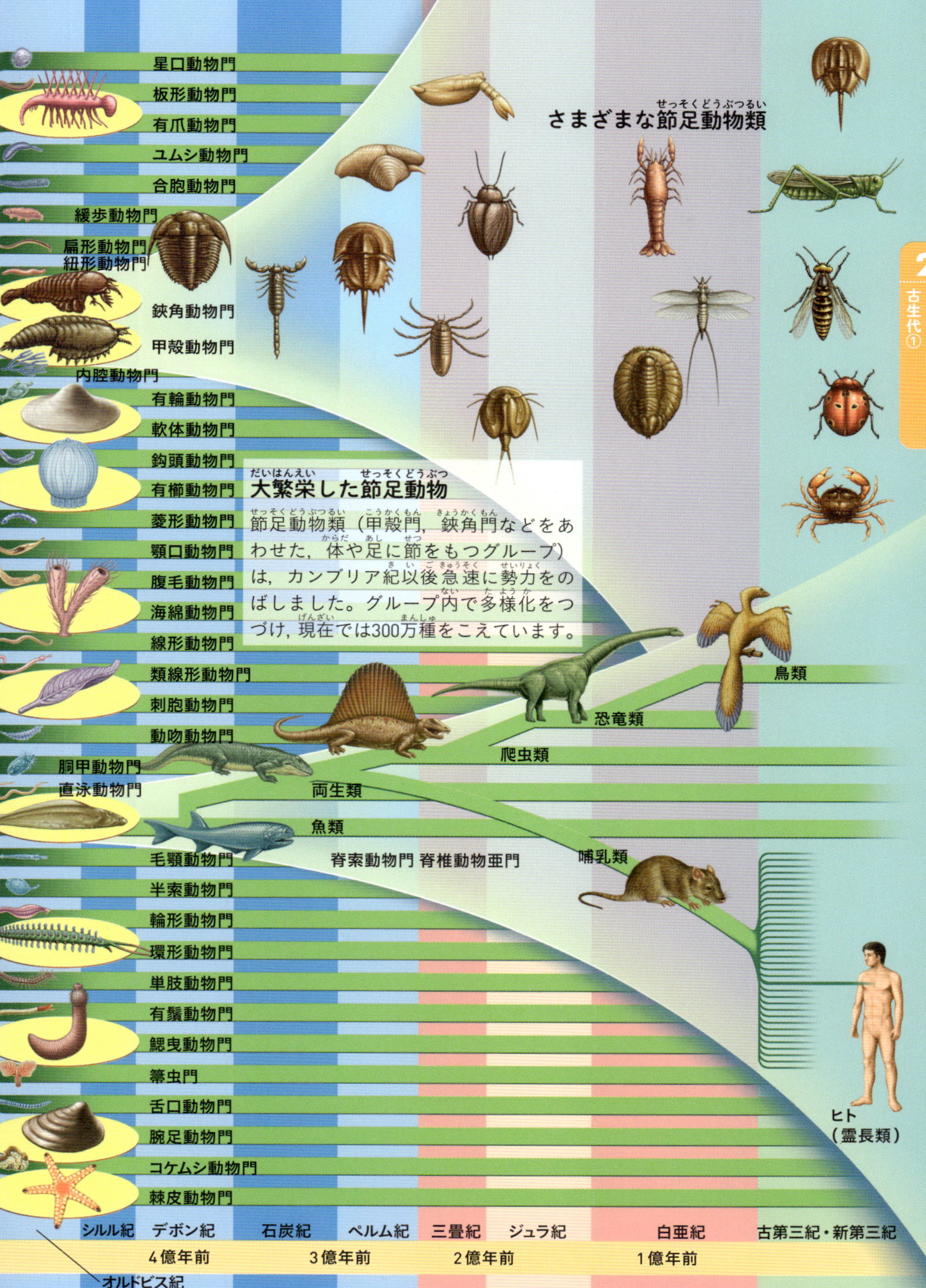

大繁栄した節足動物

節足動物類（甲殻門，鋏角門などをあわせた，体や足に節をもつグループ）は，カンブリア紀以後急速に勢力をのばしました。グループ内で多様化をつづけ，現在では300万種をこえています。

偶然に発見された「マーレラ」の化石

ウォルコット・ファミリー
チャールズは当時，スミソニアン協会の会長であり，三葉虫研究の世界的権威でした。ワプタ山の三葉虫の化石採集を行うために，夏に一家でキャンプに行くことが習慣だったといいます。
チャールズ・ウォルコット
ヘレナ（妻）
マーレラ（化石）
シドニー（次男）
スチュアート（三男）
チャールズJr.（長男）
ヘレン（長女）

1909年の夏，アメリカの古生物学者であるチャールズ・ウォルコット（1850～1927）は，一家でカナダ・ブリティッシュコロンビア州のワプタ山にキャンプに来ていました。その帰り道，チャールズはころがる岩石の中に，大きさ2センチメートルほどの今までに見たことのない生物の化石を発見したといいます。**胴はいくつもの節に分かれ，そのひとつひとつから足（付属肢）がのびていました。チャールズはこの生物を「マーレラ」と名づけました。**

チャールズはワプタ山周辺の標高2300メートルにある「バージェス頁岩」というカンブリア紀中期の地層から，生涯で120種類以上6万5000点におよぶ化石を採集したといいます。この地域は約5億2000万年前，浅い海の底だったと考えられています。

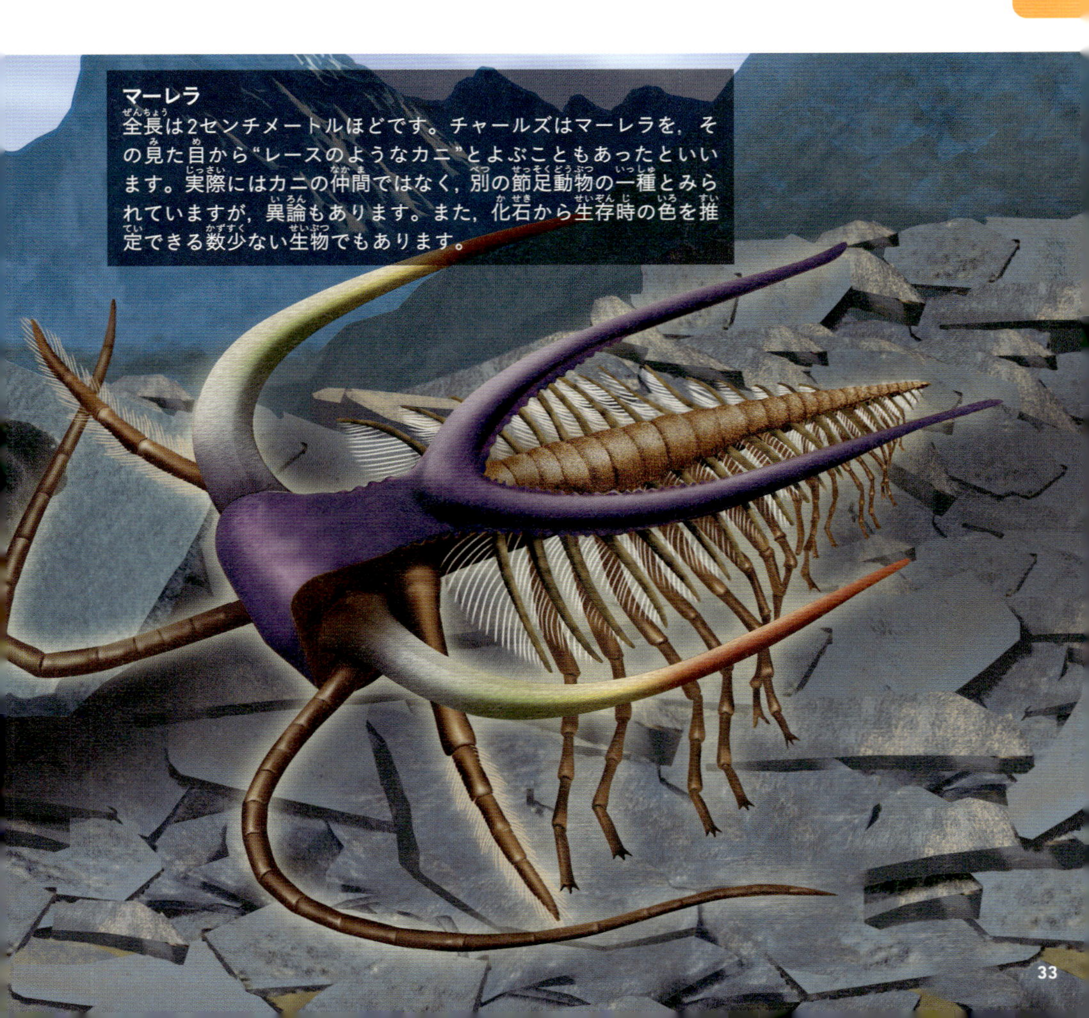

マーレラ
全長は2センチメートルほどです。チャールズはマーレラを，その見た目から“レースのようなカニ”とよぶこともあったといいます。実際にはカニの仲間ではなく，別の節足動物の一種とみられていますが，異論もあります。また，化石から生存時の色を推定できる数少ない生物でもあります。

“奇妙なエビ”を意味する「アノマロカリス」

アノマロカリス

現在までに，9種類のアノマロカリスが発見されています（種数は研究者によりことなります）。ここでは，その中で復元可能な5種類をえがいています。アノマロカリスは，カンブリア紀の生態系の頂点に君臨し，触手や鋭い口を使ってより小さな動物を捕食していたと推測されています。

アノマロカリス・カナデンシス
はじめて発見されたアノマロカリス。頭部の幅がせまく，眼がいちじるしく飛びだしていることが特徴です。足は発見されていません。

カンブリア紀の動物には，他種とくらべて大きな体をもつものがいました。「アノマロカリス」です。

アノマロカリスの化石は，バージェス頁岩付近の山の地質調査をしていたカナダ地質学研究所のリチャード・マッコネル（1857～1942）によって，1886年に発見されました。このとき発見されたのは口先の触手部分だけだったため，マッコネルはこれをエビの仲間であると考えました。そして，ギリシャ語で“奇妙なエビ”を意味する「アノマロカリス」と名づけたのです。

それから23年後，ウォルコットがバージェス頁岩からアノマロカリスの口部分を発見しました。彼はこれをクラゲの仲間と考えました。また，別に発見した胴体部分はナマコの仲間と考え，それぞれ別の生き物として別の名前をつけました。

しかし，1981年になり，全身がつながったアノマロカリスの化石が発見されます。これにより，エビ（触手），クラゲ（口），ナマコ（胴）が同じ生き物の部品だということがわかったのです。

アノマロカリス・サーロン

アンプロクトベラ・シンプラキアタ

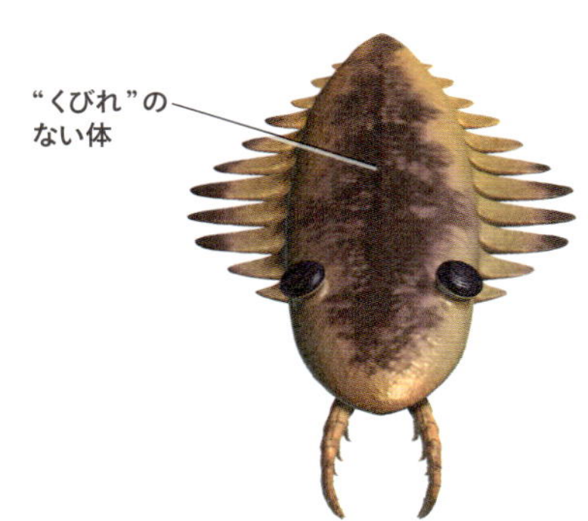

ラガーニア・カンブリア

パラペイトイア・ユンナネンシス

「ハルキゲニア」などの“奇妙奇天烈”な動物群

不思議な形をしたカンブリア紀の生物に魅了された研究者の一人に，スティーヴン・グールド（1941～2002）がいます。**グールドは1989年に著書『ワンダフル・ライフ』で，バージェス頁岩の動物たちを「奇妙奇天烈動物群（Weird wonder）」と名づけて紹介したところ，世界中で大反響をよびました。**グールドはこれらの動物の多くを分類不明と位置づけていましたが，現在ではそのほとんどに現生生物と共通する特徴があるということが，明らかにされつつあります。

1980年代以降，バージェス頁岩の化石と同じタイプのものが，グリーンランドやオーストラリア，アメリカなど，世界各地の20か所以上で発掘されています。とくに中国雲南省・澄江は，バージェスと並ぶ大発掘地として注目されています。この地層の年代はバージェス頁岩よりも1500万年ほど古く，ここでしかみられない生物も存在します。

オドントグリフス（←）
学名は「歯の生えたなぞなぞ」を意味しており，詳細はほとんどわかっていません。ここでは泳ぐ姿をえがきましたが，現在では，海底を這い，藻などを食べていた軟体動物であると考えられています。

オレノイデス

マーレラ

ウィワクシア

オットイア

最古の魚類「ミロクンミンギア」

1999年，中国・澄江で発見されたある化石が世界をおどろかせました。**5億2500万年前にいた，生命史上最初の“魚”「ミロクンミンギア」です。**

中国の舒徳干博士は，友人の古生物学者からある化石を見せられたといいます。舒博士は，その化石を一目見て，「脊椎が見える！ これは魚類ではないのか！」と直感したといいます。そして，じっくりと分析をした結果，これは最古の魚の化石だと確信したといいます。

それまで，カンブリア爆発では脊椎をもった“高等な”動物は，まだ出現していないと考えられていました。バージェス頁岩で「ピカイア」という脊索動物の化石が発見されていたため，脊椎動物はこうした原始的な脊索動物から，もう少しあとの時期に進化したというのが定説だったのです。なお，澄江ではほかにも「ハイコウイクチス（***Haikouichthys***）」という同時代の魚類の化石が，直径2メートルの範囲に100個体以上発見されています。

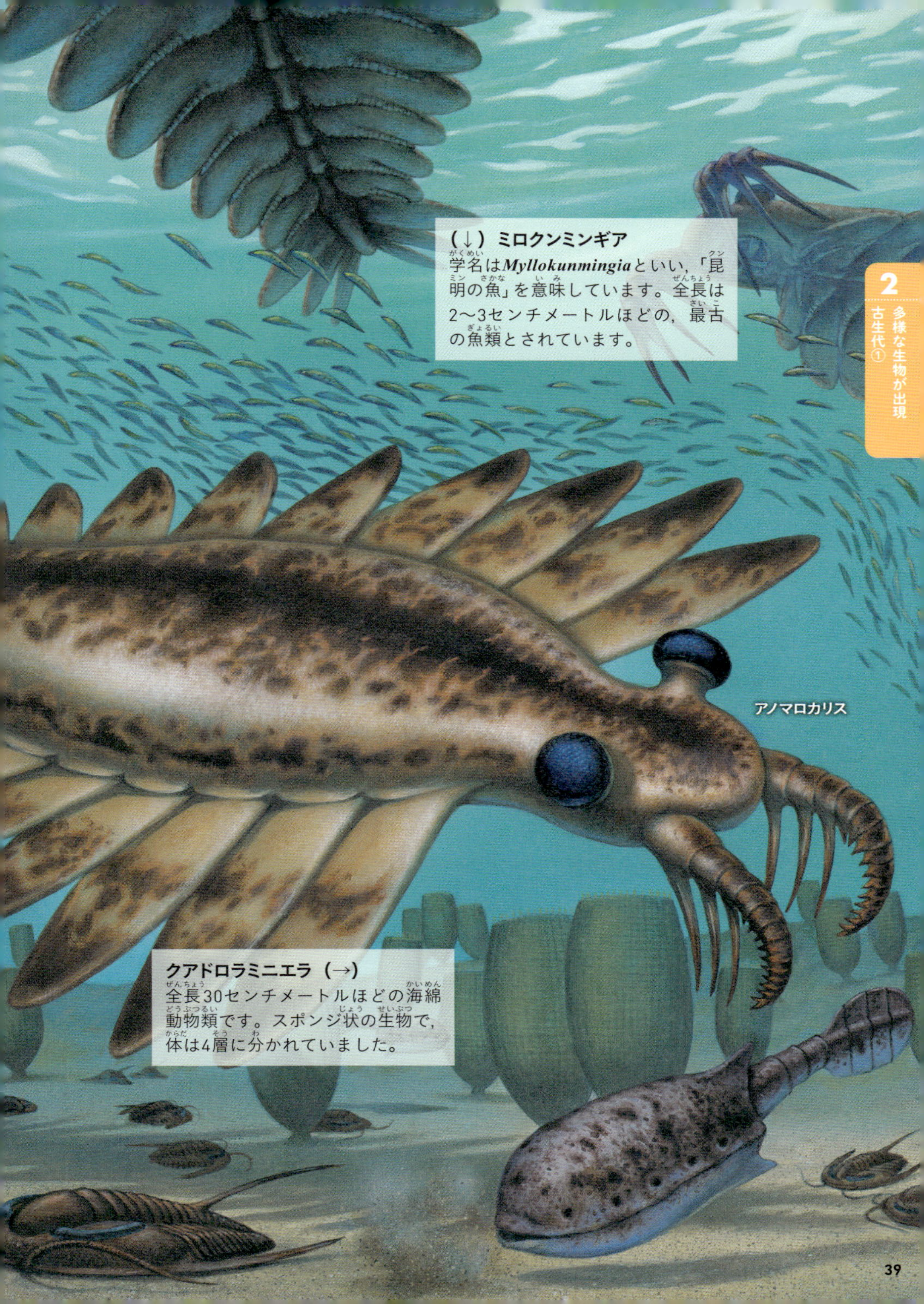
（↓）ミロクンミンギア
学名は*Myllokunmingia*といい，「昆明の魚」を意味しています。全長は2〜3センチメートルほどの，最古の魚類とされています。
アノマロカリス
クアドロラミニエラ（→）
全長30センチメートルほどの海綿動物類です。スポンジ状の生物で，体は4層に分かれていました。

世界各地でみつかった生物たちの“部品”

カンブリア爆発直前からカンブリア紀初期の地層では，大きさ1ミリメートルに満たない微小な化石が世界各地で発見されています。**コイル状に渦巻いていたり，クロワッサンのような形をしていたりするこれらの化石は「微小硬骨格化石群（SSF）」とよばれます。**多くは小さな生物，あるいは生物の一部を構成する“部品”であると考えられていますが，ほとんど解明されていません。

エディアカラ紀の生物はすべて，単純で硬組織をもたない軟体性の動物でしたが，カンブリア爆発の最も早い時期には，体の一部を硬質化させたさまざまな動物が世界各地に同時に出現していたようです。その後カンブリア爆発は次第に規模を大きくし，最終的には，新たな軟体性の動物や，貝殻・脊椎などの硬組織をもった動物も出現し，現生動物の祖先のグループが出そろうことになります。

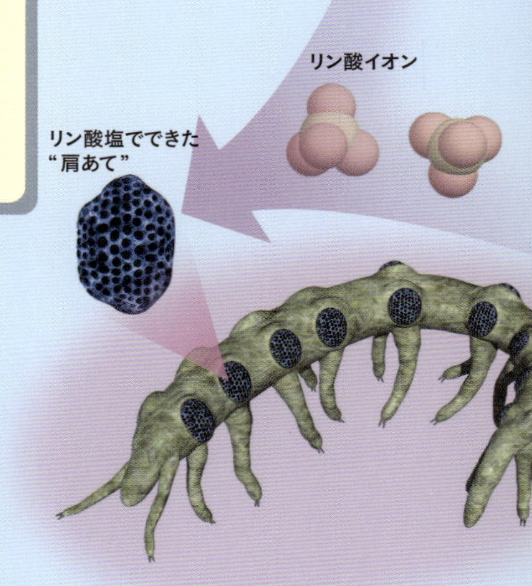

ハルキエリア（↘）
現生の腕足類（シャミセンガイなど）ときわめてよく似た殻を前後にもちますが，近年では軟体動物の祖先であるとして，新たに軟体動物門の中にディプラコフォラ綱が提唱されています。

SSFは大きさ1ミリメートル未満のものが大半を占め，主成分に注目すると「炭酸塩（炭素と酸素とカルシウム）」「リン酸塩（リンと酸素とカルシウム）」「シリカ（ケイ素と酸素）」に大きく分けられます。ミクロディクティオンとハルキエリアは，軟体部の痕跡を含めた全身の化石が発見されたため，本ページのイラストのように復元ができるようになりました。

ケイ酸イオン

シリカでできた“トゲ”

ピラニア（→）
シリカ質のトゲをもちます。

（←）ミクロディクティオン
本体はやわらかいが，足の付け根にあたる場所には，リン酸塩でできた“肩あて”があります。

体を構成するうろこがバラバラに発見されていましたが，1991年に完全体が発見され，復元されました。

カンブリア爆発はSSFの時代にはじまり，バージェス頁岩動物群の時代にフィナーレをむかえていました（厳密な時期と期間は，研究者によって解釈がことなります）。

オルドビス紀を代表する「三葉虫」

カンブリア紀につづく時代を「オルドビス紀（約4億8500万～4億4400万年前）」といいます。オルドビス紀になると、「三葉虫」が目立つようになります。**三葉虫はカンブリア紀初頭に出現し，ペルム紀（古生代の終わり）まで，約3億年間にわたり進化をくりかえしていった節足動物です**。全長は数～数十センチメートルで，石灰質の殻をもちます。

多くの節足動物と同じように，三葉虫は脱皮によって成長します。脱皮時には頭部の特定の部分が裂け，古くなった殻（外骨格）を脱ぎ捨てていたと考えられます。そして成体になるまで，脱皮のたびに節の数をふやしていったとみられています。

三葉虫は海底の泥を取りこみ，その中の有機化合物を食べていたとみられる種が多いとされます。一方で三葉虫は，出現当初からより大型の動物に襲われ，捕食される立場にいたと考えられます。三葉虫の化石には，捕食者によって攻撃を受けた痕跡（噛まれた跡など）が残るものもあります。

つねにねらわれる側だった三葉虫は，進化が進むにつれてさまざまな防衛手段をとるようになります。その一つが，ダンゴムシのように体を丸めた体勢「エンロール」です。また，みずからの体をトゲなどで“武装”し，捕食者に対抗したものも少なくありません。

三葉虫は立体的に物が見えていた？

三葉虫の特徴の一つに「複眼」があります。ほとんどの生物が明暗の区別しかできなかったときに，三葉虫は複眼によって立体的に物をとらえることができたとも考えられています。

レッセロプス
カンブリア紀の三葉虫で，レドリキア目に分類されます。カンブリア紀の三葉虫は，大きさの大小を問わず扁平で，立体的な構造にとぼしいのが特徴です。

アサフス・エクスパンサス
オルドビス紀の三葉虫で，アサフス目に分類されます。オルドビス紀の三葉虫はトゲやツノ，突きでた眼など，さまざまな立体構造が目立つようになります。

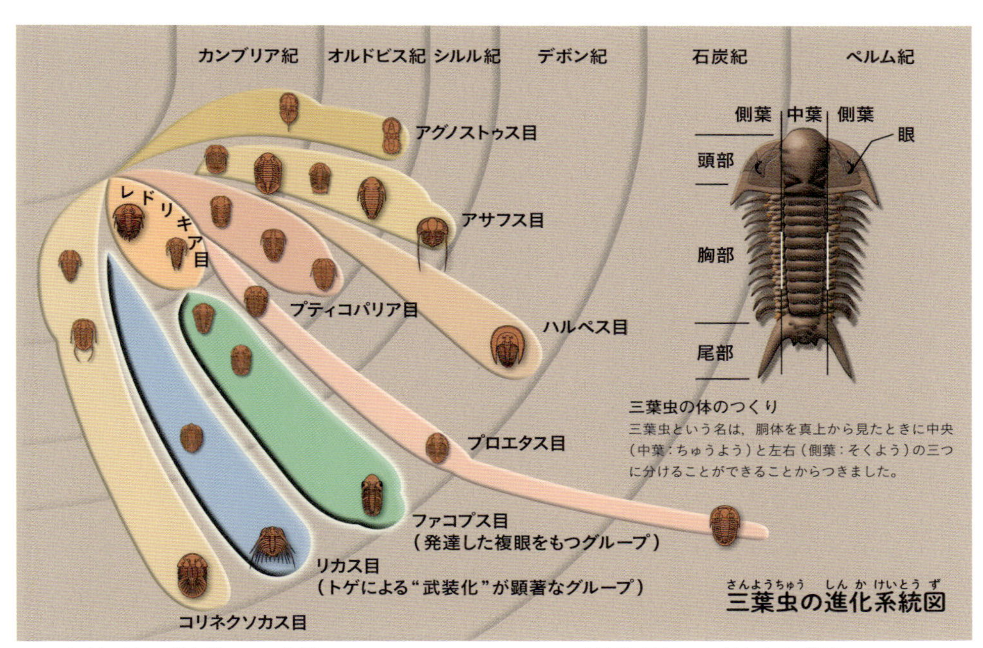

正確な値は研究者でも把握がむずかしいとされますが，三葉虫綱には1万種超が存在するといわれています（上図では各グループの主要な種をえがきました）。この数は化石でみつかる一般的な古生物の中では群を抜いており，三葉虫が「化石の王様」とよばれる理由です。

ヒトデやウニの仲間も繁栄していた

オルドビス紀のロシア西部（サンクトペテルブルク近郊）をえがきました。右下に大きく見えるのは，「ニエズコウスキア」という三葉虫です。大きくふくらんだ頭部には，胃や腸があったとみられます。奥を泳いでいるのは，全長5センチメートル程度の「レモプレウリデス」です。ほぼ360度に近い広い視野と流線形の体をもつ三葉虫です。

オルドビス紀は，棘皮動物（ヒトデやウニの仲間）が繁栄した時代としても知られます。まんじゅうのような形をした「座ヒトデ」の表面は石灰質の小板におおわれており，底面は何かに付着することができる構造をもっています。一方，植物のような姿をした「ウミリンゴ」は，2本の触手をのばして，エサとなる海水中の有機化合物をこし取っていたと考えられます。

レモプレウリデス
三葉虫の一種で，アサフス目に分類されます。遊泳能力が高かったと考えられています。
ウミリンゴの一種
植物のような姿をしていますが動物です。海水中の有機化合物をこし取ってエサにしていたと考えられます。
座ヒトデの一種

オルソセラス
直角貝の一種で，長さが15センチメートルほどの直錐状の殻をもちます。
ニエズコウスキア
三葉虫の一種で，ファコプス目に分類されます。全長は12センチメートルほどで，大きなふくらんだ頭部が特徴です。

シルル紀には多様なウミユリが存在していた

「ウミユリ」は，全長数～50センチメートル程度の棘皮動物です。カンブリア紀に出現し，とくにシルル紀以降，世界中の海で繁栄しました。

ウミユリは「茎」と少しふくらんだ「萼」，萼からのびる数本の「腕」で構成されます。それぞれの部位は，種により形がことなります。また，茎の末端が岩盤にくっつくことのできる種や，茎から枝が出る種，末端が枝分かれして植物の根のようになり，サンゴなどに巻きつくことができる種など多様です。

ウミユリは古生代の海底で，多種が集まって群生していました。「アーソロアカンサ」は，デボン紀の北アメリカの海で最も栄えたウミユリの一つです。萼は，かたい“装甲板”で固められています。左下の「プロトティラコクリヌス」は，萼の先にトゲのついた“チューブ”がのびています。チューブの正体は，「アナルサック」とよばれる肛門です。

アーソロアカンサ
全長は20センチメートル前後です。ウミリンゴと同じように，腕を広げてプランクトンを採集し，腕と口をつなぐ溝を通して口へと運んでいたようです。

萼の上面にある種の巻き貝が付着した化石も発見されています。肛門から排出されるふんを食べていたと考えられます。

陸地に“緑”が広がるようになった

古生代に入ってからしばらくの間，陸地は土がむきだしの状態だったようです。これまでにみつかっている最古の陸上植物の化石は，「コケ植物（苔類）」の胞子と胞子嚢です。その年代はおよそ4億7000万年前，オルドビス紀前期のものです。

なぜ，コケ植物は上陸することになったのでしょうか。緑色植物が光合成に利用する光の波長は，水中よりも浅瀬，浅瀬よりも陸上が適しています。**つまり“光資源”を求めていくと，陸上化は必然だったと考えられるのです。**

陸上植物の細胞壁には「リグニン」が含まれています。リグニンは植物がつくるワックスの主成分で，細胞表面からの水分蒸発（蒸散）をおさえることができます。また，リグニンは細胞壁全体の強度を増すのにも役立ちます。これにより植物は，浮力のはたらかない陸上でも自立することができるようになったとみられています。

上陸した植物はこのように乾燥に適応し，内陸へとその領域を広げていきました。こうして築かれていった植物の群落が光合成を行うことで酸素がふえ，のちの時代に動物たちの上陸が可能になるのです。

植物の姿が残された最古の化石

右の図は，陸上植物の誕生から現在に至る進化の過程を示した系譜です。植物の姿が確認できる最古の化石として「クックソニア（***Cooksonia***）」が知られています。シルル紀中期からデボン紀前期（約4億2500万～4億年前）に生息していた陸上植物です。その大きさは高さ数センチメートルほどで，根や葉はありません。先端には胞子嚢をもっていたとみられています。

注：系譜図は，西田治文『植物のたどってきた道』を参考に作成しました。

陸上植物の系譜

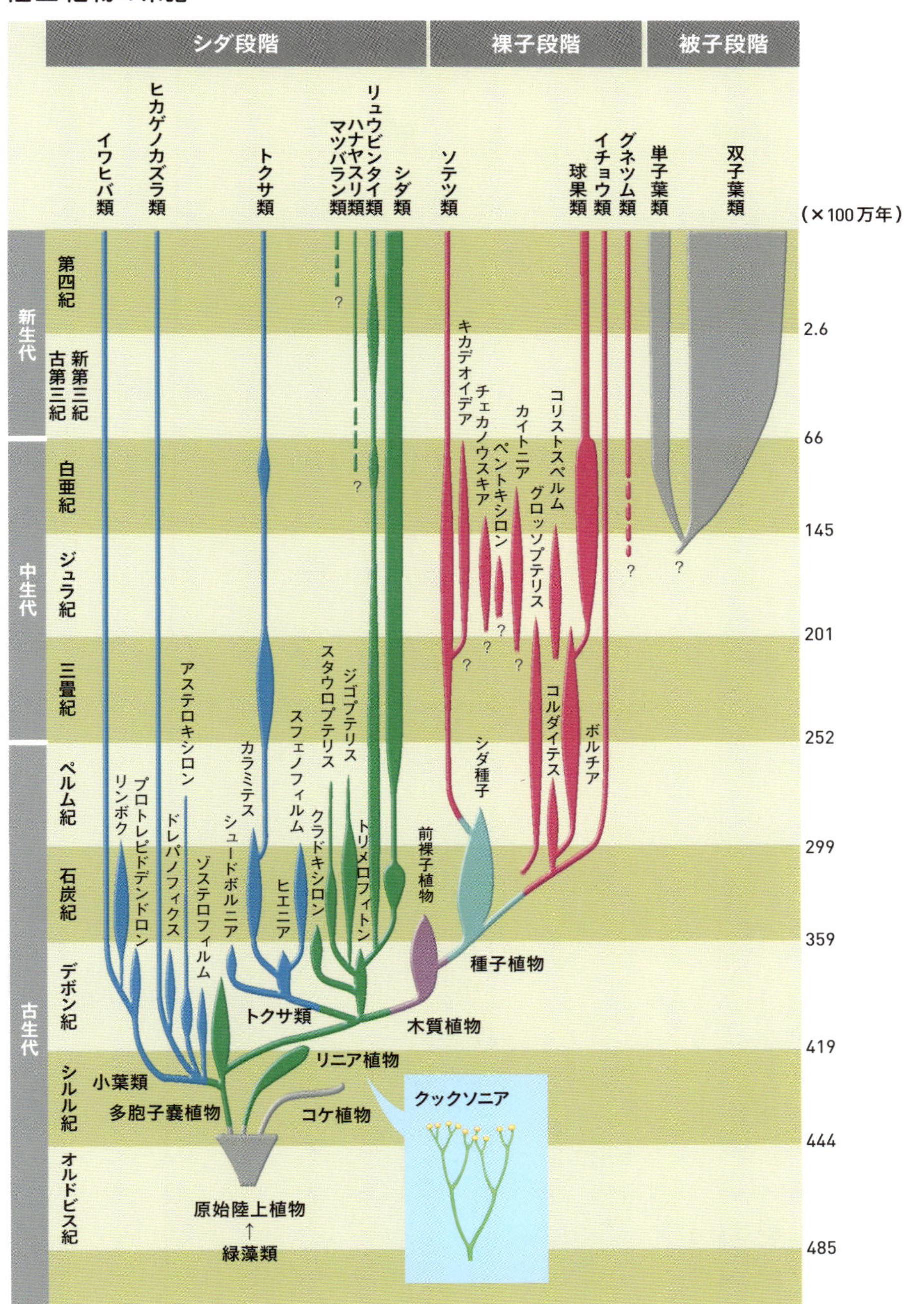

シダ段階
裸子段階
被子段階
イワヒバ類
ヒカゲノカズラ類
トクサ類
マツバラン類
ハナヤスリ類
リュウビンタイ類
シダ類
ソテツ類
球果類
イチョウ類
グネツム類
単子葉類
双子葉類
(×100万年)
新生代
第四紀
新第三紀
古第三紀
中生代
白亜紀
ジュラ紀
三畳紀
古生代
ペルム紀
石炭紀
デボン紀
シルル紀
オルドビス紀
2.6
66
145
201
252
299
359
419
444
485
キカデオイデア
チェカノウスキア
ペントキシロン
カイトニア
グロッソプテリス
コリストスペルム
コルダイテス
ボルチア
シダ種子
前裸子植物
種子植物
木質植物
アステロキシロン
プロトレピドデンドロン
リンボク
ドレパノフィクス
ゾステロフィルム
カラミテス
シュードボルニア
スフェノフィルム
ヒエニア
スタウロプテリス
ジゴプテリス
クラドキシロン
トリメロフィトン
トクサ類
小葉類
多胞子嚢植物
リニア植物
コケ植物
原始陸上植物
↑
緑藻類
クックソニア

シルル紀の海を代表する「ウミサソリ」

オルドビス紀末，生命史に残る大絶滅がおきました。海洋生物の50％以上（分類単位でいう「属」のレベル）が姿を消したのです。この事件は，生命史における五大絶滅の一つに数えられています。

この大絶滅後の最初の時代が「シルル紀」です。シルル紀は約4億4400万～4億1900万年前，古生代第3の時代として知られます。

シルル紀の海を代表する動物が，節足動物の「ウミサソリ」です。ウミサソリは，カンブリア爆発から1億年近い時間をへて登場した動物で，泳ぐためのパドルや獲物を口に運ぶための触手など，さまざまに分化した足（付属肢）をもっていました。また，体が大きかったこともあり，当時の生態系の頂点に君臨していたとみられています。

ウミサソリには，大型のはさみをもつイラストの「ミクソプテルス」や，泳ぎに適したパドル状の足をもつ「ユーリプテルス」，尾が航空機の垂直尾翼のような形状をしている「プテリゴトゥス」など，さまざまな特徴をもつものが知られています。

現生のカブトガニの一種ですが，体の構造などは原始的でした。大きさは数～10センチメートル前後です。

（↙）ミオドコーパ。現生のウミホタルの仲間で，大きさは数センチメートルほどです。

アテレアスピス（→）
全長は15センチメートルほどで，海～河口（汽水域）にすんでいました。口やえらは体の下側についており，海底（川底）の微生物などを食べていたとみられます。
（←）ミクソプテルス
現生の甲殻類（コノハエビ）の仲間で，大きさは10センチメートルほどです。

ウミサソリ

シルル紀の北ヨーロッパ（イギリスやノルウェーなど）をえがきました。中央にいるのは「ミクソプテルス」という，大きなもので全長が2メートルをこすウミサソリです。ウミサソリは他種を圧倒する大きさや多機能な足をもっていたことで，生態系の頂点に立っていたといいます。

少し深い海にも小さな動物たちがたくさんいた

シルル紀の水深150～200メートルの海には，全長数ミリメートルほどと小さいながらも，独特な姿をもつ多種多様な生物が繁栄していました。ここにえがいたのは，1990年代からイギリス西部のヘレフォードシャーで発見されはじめた微生物群です。

ヘレフォードシャーを代表するのが「オファコルス（*Offacolus*）」です。全長は5～7ミリメートルほどで，眼はもたず，足（付属肢）の多くは前方に突きだすように配置されています。剛毛の生えた触角を使って，周囲をさぐっていたようです。オファコルスの背後に見える「キシロコリス（*Xylokorys*）」は，全長約3センチメートルの節足動物で，全身をおおうほどの大きな殻をもちます。

ハリエステス
現生するウミグモの仲間で，鋏角類の一種とされます。

エボシガイの一種。貝のような形をしていますが，甲殻類に分類されます。

カイメン
(←) アケノプラックス
軟体動物の祖先と考えられます。
キネロカリス
甲殻類で，現生するコノハエビの祖先と考えられます。
(←) コリンボサトン
海中をただよう浮遊性生物（甲殻類）。オストラコーダ（介形虫）という動物の一種で，現生のウミホタルの仲間です。コリンボサトンは，雄の生殖器（軟体部）が化石に残っていた最古の種でもあります。
キシロコリス
（マーレロモルファ類）
オファコルス
現生のカブトガニと同じ「鋏角類」というグループの動物とみられています。

生物はなぜ“眼”を手に入れたのか

生命史上，はじめてみつかった「眼」をもつ動物化石は，カンブリア紀のものです。このことに注目したアンドリュー・パーカー博士（1967 ～）は，**カンブリア爆発で硬組織をもった動物が出現したポイントは眼にあるとする「眼の誕生説（光スイッチ説）」を1998年に提唱しています。**

この仮説は次のようなものです。カンブリア爆発の直前，SSFの出現よりも早い時期に偶然，軟体性の動物の中に眼をもつものが出現しました。眼をもつ動物は，生存競争の中で有利な立場に立ったのです。襲う側からみれば，獲物の位置や獲物の弱点などが的確にわかります。襲われる側からみても，天敵の接近をいち早く感知し，岩陰や泥の中に姿をかくすことができます。

こうした生存競争の激化の結果，“襲う生物”は強力な歯や追跡用の足，ひれなどを，“襲われる生物”は防御用のトゲや殻，逃走用の足やひれなどを進化させました。こうして生物は，多様化したというのです。

サンクタカリス
頭部に小さな眼をもつ節足動物で，鋏角類（サソリやクモなど）の一種とされます。

サロトロケルクス
大きな眼が飛びだした節足動物。体の下側を上に向けて泳いでいたとする説もあります。

オパビニア

カンブロパキコーペ

現生動物なみの高度な眼をもつ三葉虫

カンブリア紀に出現した眼をもった動物と，典型的な三葉虫の眼の構造を下にえがきました※。パーカー博士が「眼の誕生説」の根拠としてあげているのは，カンブリア爆発で突如として出現する動物たちです。とくに三葉虫は，現生動物と変わらない高度な機能をそなえた眼をすでにもっていたといいます。

※：推測図，細胞部分は現生の節足動物を参考にしました。
光
眼
ファロタスピス
カンブリア爆発最初期の，三葉虫の一種。眼は側面を向いていますが，やや前方向に視野が広くなっています。
アノマロカリス
鉱物でできたレンズ
1.
レンズで光を集める。
水晶体
2.
水晶体で
光を視細胞に送る。
遮へい細胞
となりのレンズからの
光をさえぎる。
視細胞
光を神経信号に
かえる。

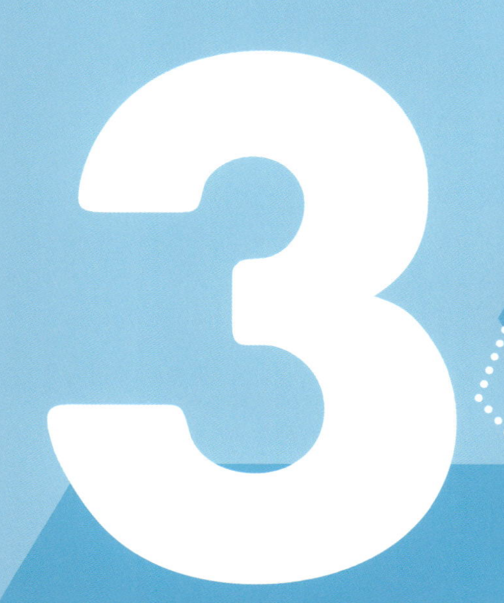

魚類や爬虫類の台頭

古生代②

「デボン紀（約4億1900万～3億5900万年前）」のはじまりは，古生代の後半のはじまりでもあります。デボン紀は魚類の時代として知られており，実に個性豊かな魚類が出現します。そして，両生類，爬虫類が出現するなど，生物の生活圏は陸上へと広がっていくのです。

デボン紀には多種多様な魚類が出現した

デボン紀には，「旧赤色砂岩（Old Red Sand-stone）」とよばれる地層が，河口や干潟などに堆積しました。このイラストは，その中でも代表的なノルウェー・スバールバル諸島に分布している地層から発見された魚類の化石を復元したものです。ひれにトゲのある「棘魚類」や，頭部と体の前半分を骨質の“よろい”でおおった「板皮類」などが繁栄していたようです。

口先からノコギリ状の突起が前方に長くのび，左右に1対のつばさのような外骨格をもつ「ドリアスピス」は，全長15センチメートルほどの「無顎類」の一種です。閉じることができない開いたままの口で，プランクトンや海底の有機化合物などを食べていたとみられています。

デボン紀には，数メートルの大きさをもつ魚類も出現しています。これにより魚類は，現在へとつづく地球の制海権を手に入れたのです。

ポロレピス
肉鰭類の一種で，学名のPorolepisは「穴のあるうろこ」を意味します。
(←) ディクソノステウス
板皮類の一種。
ベロナスピス
ドリアスピス (→)
噛むためのあごをもっていない無顎類の一種。学名のDoryaspisは「槍をもつ甲羅」を意味します。

“甲冑”を着た巨大な魚「ダンクルオステウス」

デボン紀の海で注目すべきは，北アメリカやヨーロッパ，北アフリカなどで発見されている「ダンクルオステウス」です。**ダンクルオステウスの頭部や胸びれの付け根部分は，厚い骨の板でおおわれていました。その姿を武将の鎧姿に見立てて，「甲冑魚」ともよばれています。**

19世紀の最初の発見から現在に至るまで，ダンクルオステウスの化石は頭部の“甲冑”部分しか確認されていませんが，そこから推定される全長は6～7メートルにおよぶといいます。

ダンクルオステウスが獲物を噛む力は，古今の全魚類の中で最も大きいといいます。魚類は当初，噛むためのあごをもっていないため，エサは海底にたまった有機化合物などに限定されていました。しかしデボン紀以降の魚類の多くは，あごをもつことにより捕食が容易になったのです。なお，ダンクルオステウスは鋭い突起をあごにもっていますが，これは歯ではなく，刃物のように鋭利な骨の板です。

ほかの魚類を食べていたダンクルオステウス

ダンクルオステウスの獲物は，主に魚類だったとみられます。中にはダンクルオステウスどうしで争った痕跡のある化石も発見されており，共食いをしていた可能性も高いとされます。また食後には，消化しきれなかった骨などを吐きだしていたと考えられます。

ダンクルオステウス
板皮類の一種で，全長は6〜7メートルほどあります。まるで鎧のように，体の一部が厚い骨の板でおおわれているのが特徴です。

サメの仲間が海を支配するようになった

デボン紀には，現在に近いサメの仲間が出現していた

現生のサメは口が頭部の下につきますが，クラドセラケは頭部先端にあります。こうした特徴をのぞけば，一見してサメとわかる姿をしています。サメはその後も進化をつづけ，中生代・白亜紀には，現在とほぼ変わらない種類が出現することになります。

デボン紀の海では，ダンクルオステウスに代表される板皮類が圧倒的な強さを誇っていました。しかし，板皮類の中から出現した新たなグループである「軟骨魚類」の台頭によって板皮類は次第に衰退し，デボン紀の終焉とともに姿を消すことになります。

軟骨魚類とは，現在でも海洋生態系の頂点に君臨するサメの仲間です。

たとえば「クラドセラケ」は，現生のサメ類とよく似た流線形の体をもっており，すでにこの時点で“海のハンター”として生態系の上位にいたと考えられています。

デボン紀は魚類の繁栄した時代ですが，やがて魚類の中に，骨質の“手足”をもつグループが出現し，さらにその中の一部が上陸を果たすのです。

クラドセラケ
軟骨魚類の一種で，全長は2メートルほどあります。現生のサメ類とよく似た姿をしていました。

水中から陸上に進出した「両生類」

魚類から両生類への移り変わり

足の発達とともに頭部の形が変化し，首や肩などもつくられていったことがわかります（1〜5）。頭骨の背側には小さな穴が開いています。鼻の穴が水面下にあったとしても，この穴さえ水面から出ていれば呼吸ができたと考えられます。この穴はやがて，内耳に進化したと考えられています。

1. ユーステノプテロン
魚類（肉鰭類）。陸上四肢動物と同じように，胸びれの付け根に上腕骨などに似た3本の骨が，腹びれの中に大腿骨・腓骨・脛骨の3本の骨があります。

3. ティクターリク
魚類（肉鰭類）。陸生動物の手首のような可動性の骨格を，ひれの内部にもちます。

4.アカントステガ
最も原始的な両生類で，オールのような尾びれをもちます。4本の足をもっていますが，水中生活をしていたとみられます。肺呼吸には進化していました。

デボン紀前期，多様化する魚類の中にあらわれたのが，しっかりとした骨を軸とし，そのまわりに筋肉がついたひれをもつ「肉鰭類」とよばれるグループです。肉鰭類の代表格が，「ユーステノプテロン」です。**ユーステノプテロンは，四肢動物※へとつながる最も古い生物と考えられています。そして，「イクチオステガ」のような両生類が出現したのです。**

生物（魚類）は，いったいなぜ上陸したのでしょうか。一つは，生態系が“窮屈”になったことが原因と考えられています。現在の海洋で最も生物の種類と個体数が多いのは，水深が浅く暖かい海域です。デボン紀当時も，同じような海域は生物であふれかえっていたため，陸へと逃れるように肺呼吸を発達させたのではないかといいます。

ほかにも，栄養価のある獲物を求めて上陸した，捕食者に追い立てられた，などといった仮説があります。

※：四つの足をもつ脊椎動物。両生類，単弓類（哺乳類など），爬虫類，鳥類など。

注：いずれも全長は，数十センチメートル〜1メートル前後。
ユーステノプテロン
魚雷形の頭部と全身
眼は頭部の側面
骨の構造が比較的単純
頭骨とひれが関節で直接つながっている
細かい骨が並ぶひれ
頭骨と腕ははなれている（首と肩がある）
骨の構造が複雑
腰がある
イクチオステガ
比較的扁平な頭部（眼の位置はその頭部の上面）
しっかりした骨でできた足
指がある（うしろ足は7本指）
2. パンデリクチス
魚類（肉鰭類）。頭部が平たく，眼が頭の上についており，陸上四肢動物と顔つきが似ています。ひれの内部に，指のような骨があります（外部からは見えません）。
5.イクチオステガ
アカントステガより進化した両生類で，首や4本の足，肺呼吸など陸生動物の特徴を兼ねそなえています。なお，前足は発見されていないため，うしろ足を参考にえがいています。

注：「Ahlberg et al.（2005）」などを参考に作成した。なお，イクチオステガの前足は発見されていない。

古生物の代表格「オウムガイ」と「アンモナイト」

オウムガイ

殻長（殻の直径）は15〜20センチメートルほど。日中は海の深いところにいます（水深600メートルほどまでもぐることができます）。夜になると浅いところへ浮上し，エビやカニなどを捕食したり，産卵などを行ったりします。

触手
60〜90本ほど。表面に細かい溝がついており，エサをつかまえる際などに役立ちます。
漏斗
ガスによって得られた浮力と，口から取りこんだ海水を漏斗から勢いよく吹きだすことで，泳ぐことができます。

直角貝とは，カンブリア紀末に出現し，古生代に栄えた肉食性の海生生物です。現生のタコやイカと同じ「頭足類」に分類され，直錐状の殻をもつ「オルソセラス」（44ページ）をはじめさまざまな種が存在しました。直角貝は中生代・三畳紀前期ごろまでにほとんどの種が絶滅しましたが，**直角貝を祖先にもつ「オウムガイ」は，南西太平洋からインド洋にかけて現在も生息しています。**

古生代・シルル紀に，オルソセラス類から分かれて進化したのが「アンモナイト」です。外形はオウムガイと非常によく似ていますが，殻の巻きはじめの部分（中心部）の内側に「初期室」とよばれる空間があるなど，いくつかことなる点があります。

アンモナイト
殻長数センチメートル程度のものから，2メートルに達するもの（パラプゾシア：*Parapuzosia*）までいました。アンモナイトは中生代に全盛期をむかえ独自の進化をとげましたが，白亜紀末に絶滅しました。

大陸をおおうほどの大森林の出現

エディアカラ紀から，現在につづく第四紀に至るまでの約6億年間に，地質学者たちは13の地質時代（紀）を設定しました。その一つである「石炭紀（約3億5900万～2億9900万年前）」の地層は，その名のとおり石炭を大量に含んでいます。

石炭が大量にできたということは，そこに大森林があったということです。石炭紀の大森林は，海水面の上昇によって出現した湿地帯に形成されました。「リンボク類」とよばれるシダ植物の仲間が多く，樹高30メートルほどに育ったものも少なくなかったといいます。

こうしてつくられた大森林ですが，その後の海水面低下により，地上は急速に乾燥化が進んだようです。その結果，大森林はペルム紀に姿を消すことになります。

シギラリア
高さ20～30メートルほどです。「封印木」ともよばれますが，これは葉の落ちた痕の形（六角形）が封印のように見えることによります。

プロトファスマ（→）
現生のゴキブリの祖先とされます。

石炭紀の大森林

湿地帯に生まれたシダ植物の森林を構成していたリンボク類は，「レピドデンドロン（*Lepidodendron*）」や「シギラリア（*Sigillaria*）」という種類が多かったといいます。レピドデンドロン自体は絶滅していますが，近縁のミズニラ類（水草）は現在の休耕田や湖の浅瀬に自生しています。

レピドデンドロン
高さは20～30メートルほどです。和名の「鱗木」の名のとおり，幹がうろこのように見えるという特徴をもちます。
メガネウラ（翼開長が60センチメートル以上になる大型の昆虫）
プサロニウス
高さは10メートルほどです。茎が樹木の幹のように育つことから，「木生シダ」とよばれます。
シダ植物はシルル紀に出現したと考えられます。裸子植物はデボン紀に出現したとされますが，繁栄するのは中生代・ジュラ紀です。

「爬虫類」と「昆虫」の登場

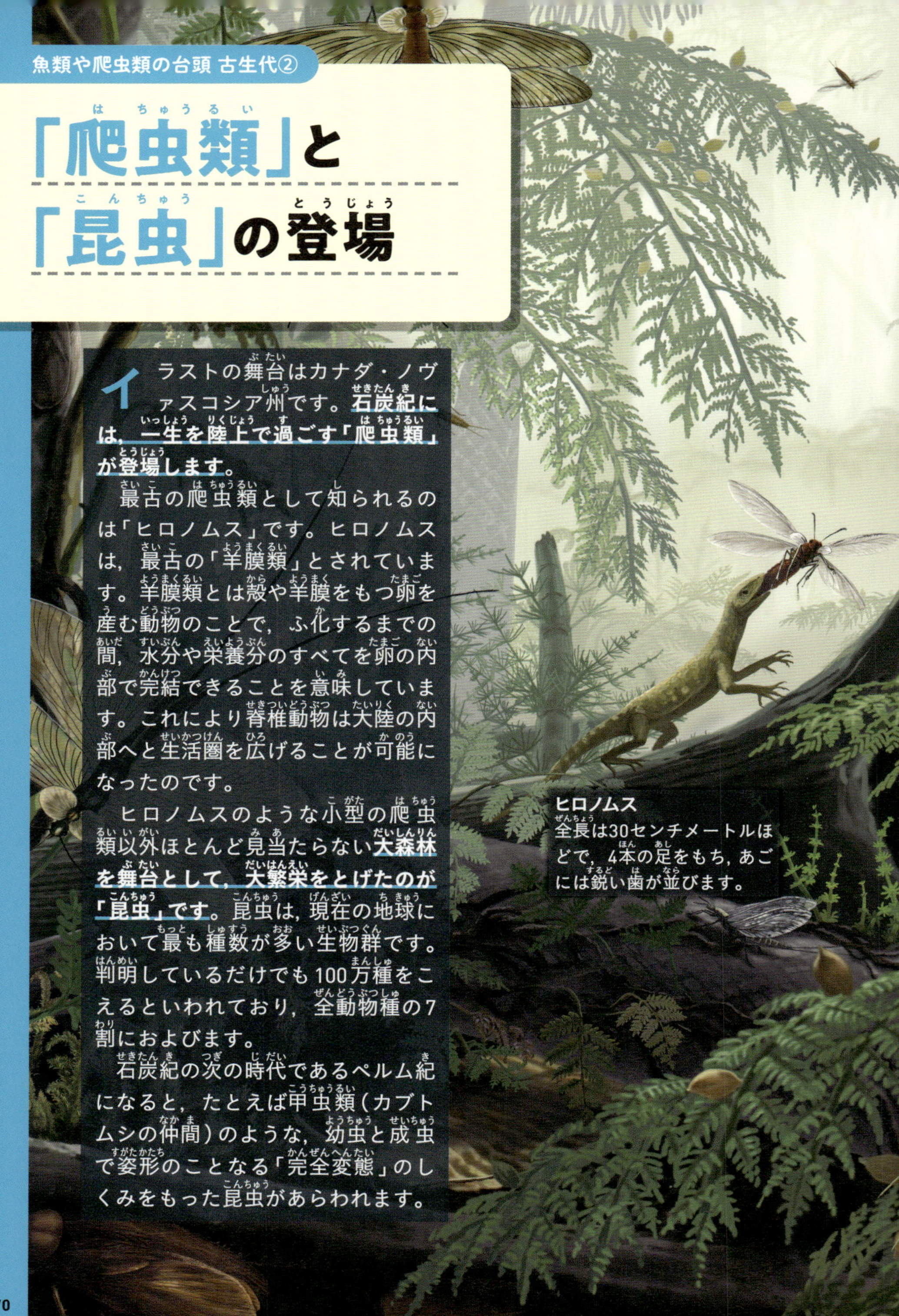

イラストの舞台はカナダ・ノヴァスコシア州です。**石炭紀には，一生を陸上で過ごす「爬虫類」が登場します。**

最古の爬虫類として知られるのは「ヒロノムス」です。ヒロノムスは，最古の「羊膜類」とされています。羊膜類とは殻や羊膜をもつ卵を産む動物のことで，ふ化するまでの間，水分や栄養分のすべてを卵の内部で完結できることを意味しています。これにより脊椎動物は大陸の内部へと生活圏を広げることが可能になったのです。

ヒロノムスのような小型の爬虫類以外ほとんど見当たらない**大森林を舞台として，大繁栄をとげたのが「昆虫」です。**昆虫は，現在の地球において最も種数が多い生物群です。判明しているだけでも100万種をこえるといわれており，全動物種の7割におよびます。

石炭紀の次の時代であるペルム紀になると，たとえば甲虫類（カブトムシの仲間）のような，幼虫と成虫で姿形のことなる「完全変態」のしくみをもった昆虫があらわれます。

ヒロノムス
全長は30センチメートルほどで，4本の足をもち，あごには鋭い歯が並びます。

ムカシアミバネムシ
現在ではみることのできない昆虫の一つ。多くの昆虫のはねは2対4枚ですが，ムカシアミバネムシは3対6枚あります。小型の爬虫類以外はほとんどいない“楽園”で昆虫は爆発的に拡散し，多様化することに成功したと考えられます。

石炭紀を代表する「メゾンクリーク生物群」

石炭紀を代表する生物群の一つにメゾンクリーク生物群があります。アメリカ・イリノイ州北部にあるメゾンクリーク（現在のシカゴ近郊）から産出する生物化石群で，海水や淡水，汽水域の生物を中心に，動物化石250種以上，植物化石350種以上がこれまでに報告されています。

メゾンクリーク生物群の最大の特徴は，生物の保存状態のよさです。通常，化石として残りやすいのは骨や外骨格などのかたい組織ですが，メゾンクリーク生物群の化石は，硬組織はもちろん，クラゲの触手に至るまで確認することができます。これは，死んだ生物の体をおおうように菱鉄鉱（$FeCO_3$）の岩塊（ノジュール）が形成されたため，微生物などによる組織の分解を受けなかったためとみられています。

汽水域のメゾンクリーク生物群

イラストの中央にえがかれた生き物は，分類不明の軟体性動物「タリモンストルム」です。現生のエビの仲間である「ベロテルソン」をつかまえています。

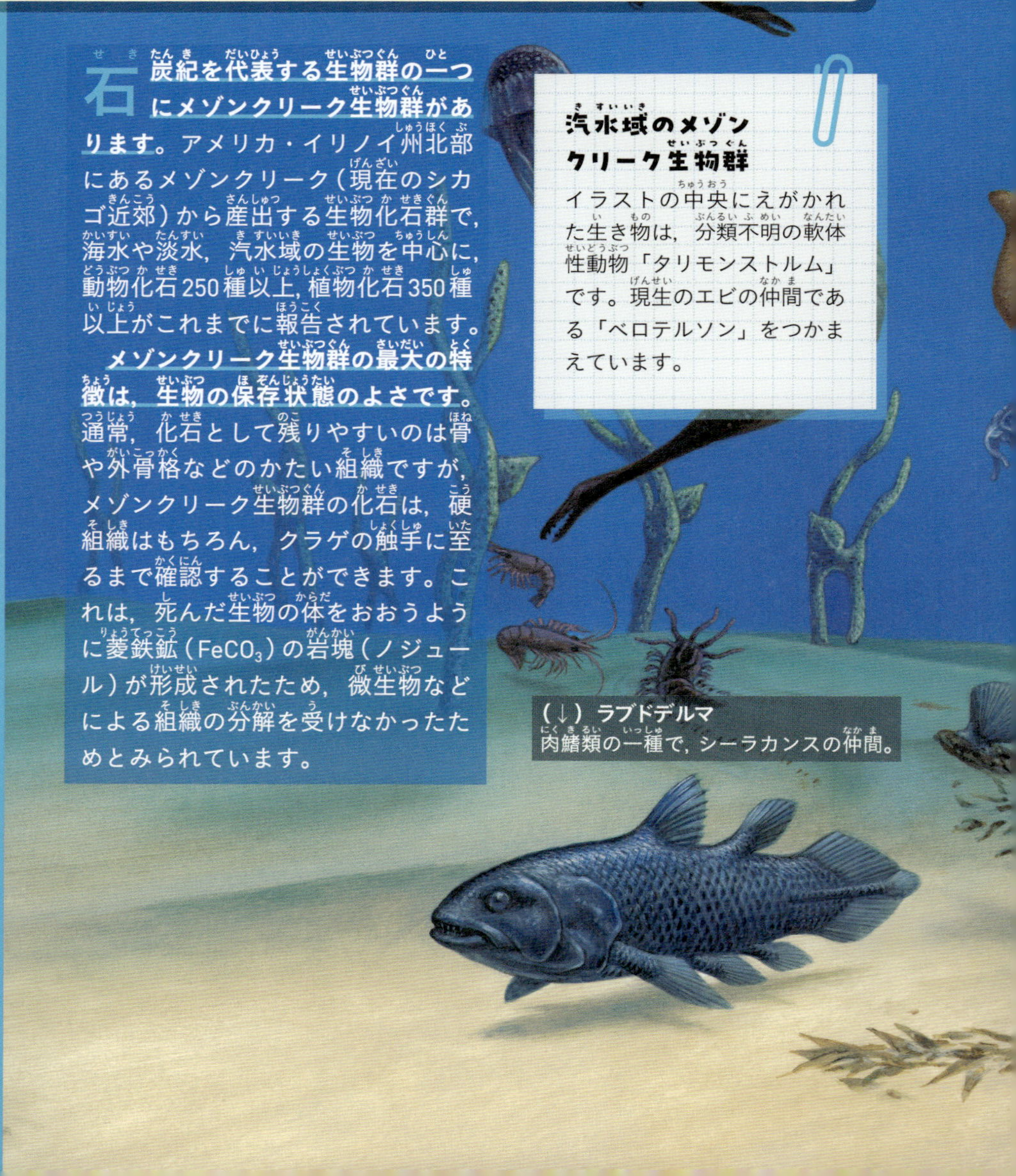

（↓）ラブドデルマ
肉鰭類の一種で，シーラカンスの仲間。

アントラコメドゥーサ（↘）
（刺胞動物類：クラゲなどの仲間）
（↓）オクトメドゥーサ
（刺胞動物類：クラゲなどの仲間）
エスコニクティス
（魚類）
（←）エタシスティス
H形の体をもちます。刺胞動物類と考えられますが，分類は不明です。
（←）タリモンストルム
別名「ターリーモンスター」。全長10〜15センチメートルほどの，分類不明の軟体性動物です。
ベロテルソン
（甲殻類：エビの仲間）
グラフロチトン
（多板類）

パンゲアで最も繁栄していた哺乳類の祖先

ペルム紀（約2億9900万～2億5200万年前）は，古生代最後の時代です。当時，地球上のすべての大陸は1か所に集まり，超大陸パンゲアを形成していました。

当時最も繁栄していたのは，哺乳類の祖先である「単弓類（獣弓類）」というグループです。右のイラストで，岩の上から機をうかがっているのは「ルビジア」という肉食動物です。一方，水飲みにいそしんでいる「ディキノドン」は，植物食の単弓類です。大きな糸切り歯（犬歯）を上手に使い，植物の根などを食べていたとみられます。

奥にいる「ヨンギナ」は，恐竜や，現在の鳥類を含む爬虫類の中の「双弓類」というグループに属する動物です。“弓”とは頭骨のこめかみ部にある「側頭窓」という孔のことで，“単弓”は左右に一つずつ，“双弓”は左右に二つずつあることに由来します。

ディキノドン（↓）
単弓類の一種で，植物の根などを食べていました。

セリオグナトゥス（→）
単弓類の一種。

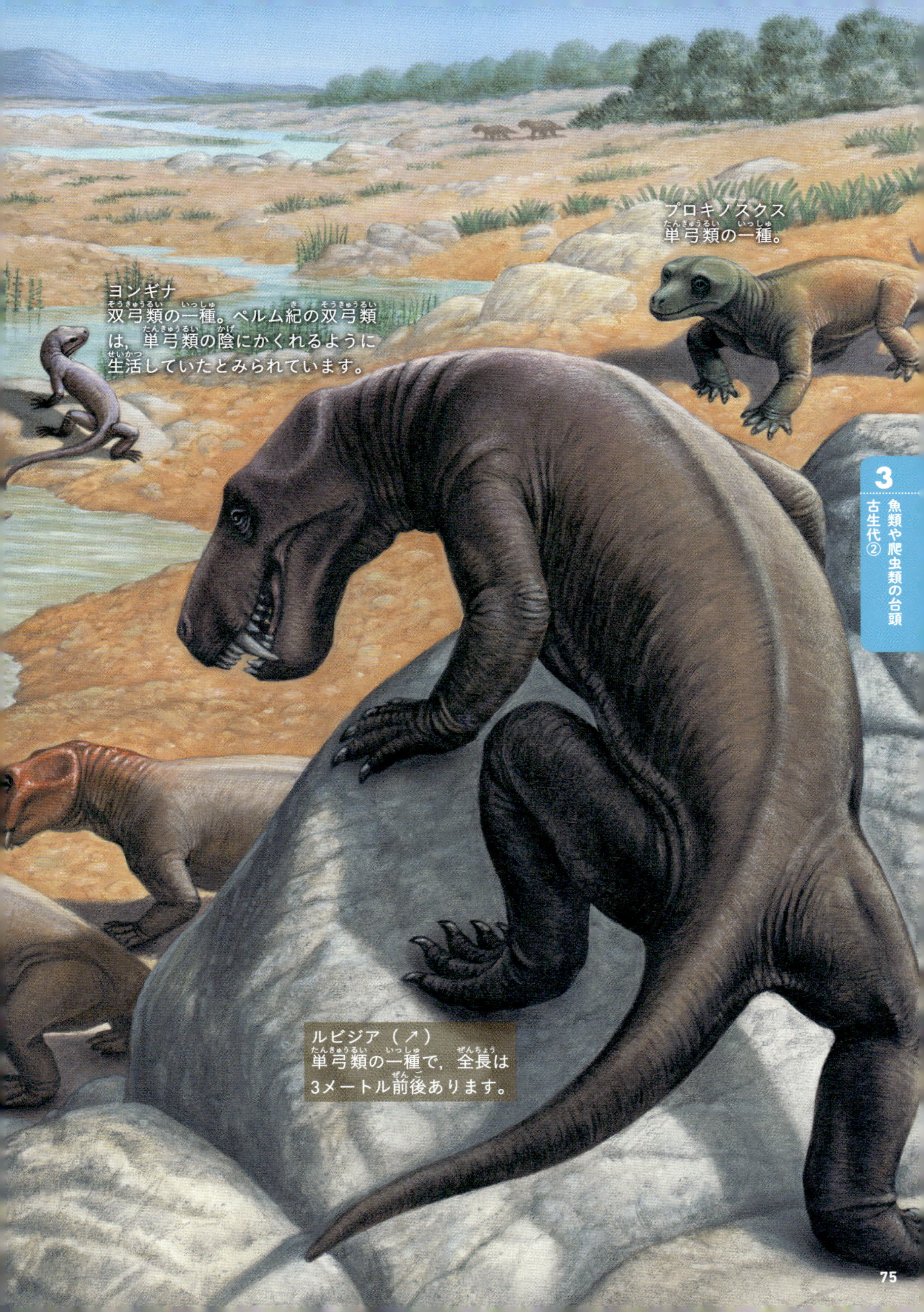
ヨンギナ
双弓類の一種。ペルム紀の双弓類は，単弓類の陰にかくれるように生活していたとみられています。
プロキノスクス
単弓類の一種。
ルビジア（↗）
単弓類の一種で，全長は3メートル前後あります。

コーヒーブレイク

Column COFFEE BREAK

生命史を二分する大量絶滅事件とは

生命史において，大量絶滅は5度※あったとされています。これらの中で広く知られているのは，恐竜の絶滅にかかわる6600万年前（中生代・白亜紀末）の事件でしょう。しかし，古生代末の大量絶滅はこれを上回る規模でした。この事件は，ペルム紀（Permian）と三畳紀（Triassic）の頭文字をとって「P/T境界絶滅事件」とよばれ

ています。

大量絶滅を引きおこした原因として注目されているのが，「スーパーアノキシア（Superanoxia：海中酸素の極端な欠乏）」の発生です。当時，地球では火山活動が非常に活発化しており，膨大な量の噴煙や火山灰などが大気中に巻き上げられました。これにより地表に届く太陽光がさえぎられ，結果として植物の光合成能力が低下し，地球全体が酸欠になったといいます。

P/T境界絶滅事件の発生理由にはほかにもさまざまな説があり，現在も議論がつづいています。多くの研究者が，隕石の衝突などといった地球外ではなく，地球内部に原因があったとみています。

※：5億3900万年前にあったとされる絶滅をのぞく。

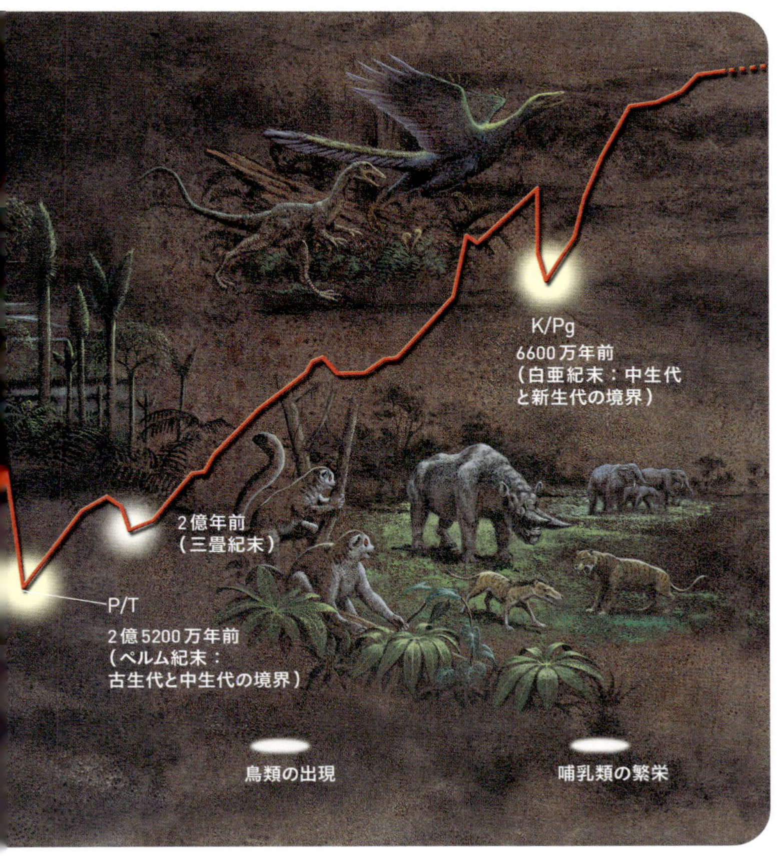

左のグラフは，アメリカの古生物学者ジャック・セプコスキー博士が発表した生物種の増減をまとめたものです。左端の点線から実線に変わるところがカンブリア紀のはじまりで，右ほど時代が新しくなります。

地上に君臨した恐竜たち

中生代

古生代末におきた大量絶滅で多くの動物たちが姿を消しましたが，中には生きのびた動物もいました。そして時代は中生代に移ります。中生代は「恐竜」の時代として広く知られています。この章では，中生代に繁栄した多様な生物をみていきます。

パンゲアの存在を裏づけた「リストロサウルス」

「三畳紀（約2億5200万〜2億100万年前）」初期には，P/T境界絶滅事件のあとも生きのびた単弓類（ディキノドン類など）が，その勢力を保っていたとみられています。「リストロサウルス」は，三畳紀のディキノドン類を代表する全長1メートルほどの草食動物です。**ずんぐりむっくりな体型をしたリストロサウルスは，パンゲアを歩くことで世界各地に拡散，繁栄していたようです。**

イラストの奥にいるのは，同じ草食性単弓類の「カンネメイエリア」です。リストロサウルスとカンネメイエリアの分布は重なっていますが，前者は水辺に，後者は乾燥地帯に生息していたと考えられています。

パンゲアの存在を裏づけるリストロサウルス

アルフレッド・ウェゲナー（1880〜1930）は，世界中のすべての大陸はかつて1か所に集まっていたとする「大陸移動説」の証拠の一つとして，泳ぐのに不向きな体をもつリストロサウルスの化石が，南極やアジアをはじめ世界各地で発見されていることをあげました。

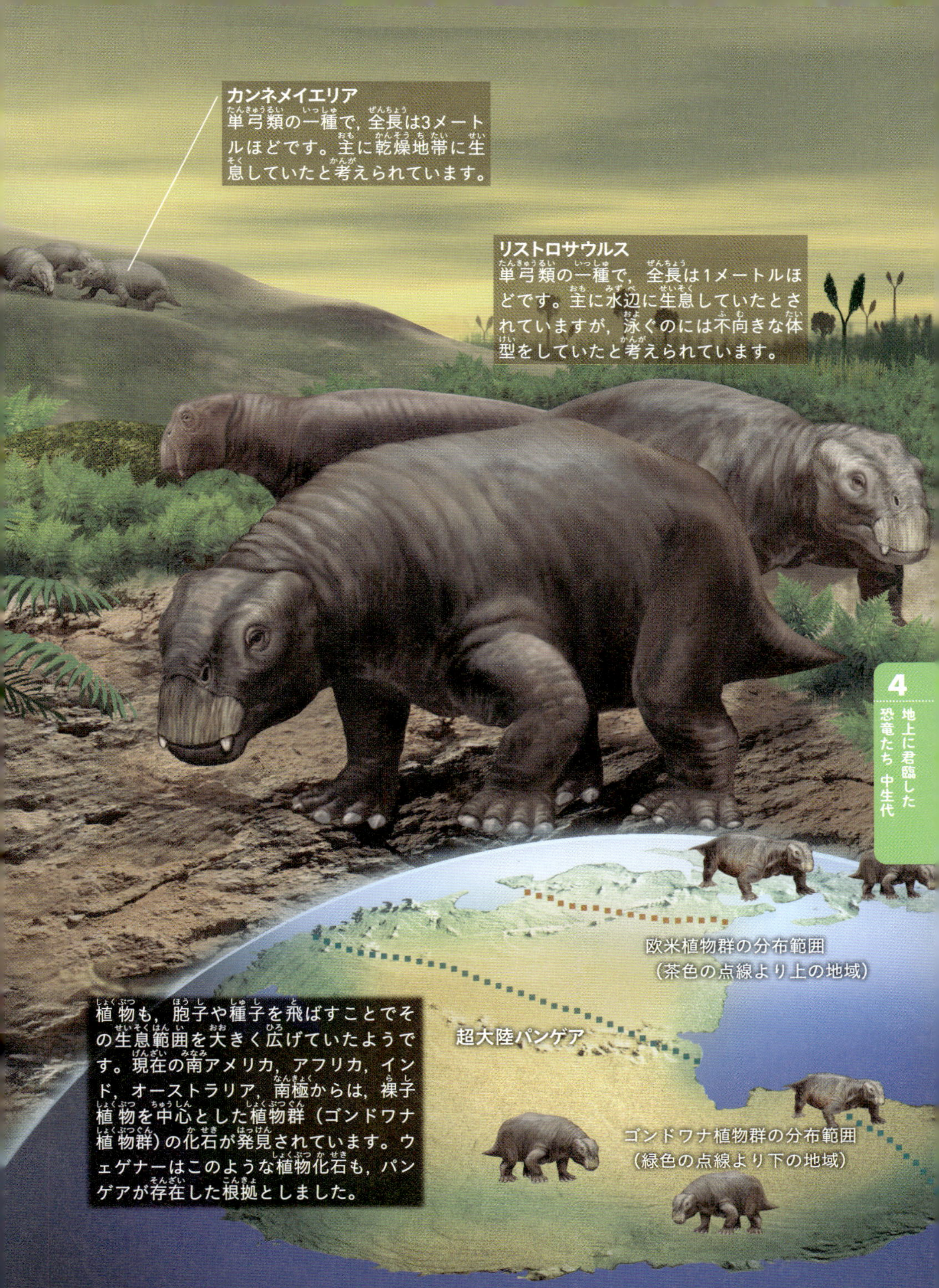

カンネメイエリア
単弓類の一種で，全長は3メートルほどです。主に乾燥地帯に生息していたと考えられています。

リストロサウルス
単弓類の一種で，全長は1メートルほどです。主に水辺に生息していたとされていますが，泳ぐのには不向きな体型をしていたと考えられています。

植物も，胞子や種子を飛ばすことでその生息範囲を大きく広げていたようです。現在の南アメリカ，アフリカ，インド，オーストラリア，南極からは，裸子植物を中心とした植物群（ゴンドワナ植物群）の化石が発見されています。ウェゲナーはこのような植物化石も，パンゲアが存在した根拠としました。

三畳紀中期に繁栄したワニ類の祖先

三畳紀中期になると「主竜類」という爬虫類のグループの台頭がはじまります。

主竜類には二つの大きな系統があります。一つが現生のワニ類の祖先にあたる「クルロタルスス類」，もう一つが「恐竜」です。クルロタルスス類は恐竜に先んじて大型化を成しとげ，生態系の上位に君臨していた可能性が高いことが判明しています。

たとえば「サウロスクス」は全長が5メートルほどありますが，これは当時の大半の恐竜類の2倍以上の大きさです。また肉食に特化した強靭なあごや歯，頭骨は，のちに出現するティラノサウルスなどの大型の肉食恐竜とそっくりです。これらの特徴から，サウロスクスは生態系の頂点に君臨していた可能性が高いとみられています。

ヒペロダペドン

シダ種子類（裸子植物）
デボン紀に出現した植物で，葉はシダによく似ていますが，胞子ではなく種子で繁殖するという特徴があります。三畳紀には全盛期を過ぎ，白亜紀末に絶滅しました。
イスチグアラスティア（↑）
単弓類の一種。サウロスクスと同じ三畳紀後期に生息していた。
サウロスクス（↑）
クルロタルスス類の一種。強靭なあごや歯をもちます。なお，クルロタルスス類には，全長1～3メートルほどの細身のものや，植物食のものも確認されています。
ヘレラサウルス（→）

中生代から恐竜が台頭していった

エオラプトル
アルゼンチンで発見された最古級の恐竜の一種。全長1メートルほどで，二足歩行していたといいます。

「ジュラ紀（約2億100万～1億4500万年前）」に入ると，それまでさまざまな生態系にいたクルロタルスス類は姿を消し，恐竜が時代を代表する動物群へと進化していきます。

ジュラ紀でとくに目立つのは，植物食恐竜の「竜脚形類」です。北アメリカをはじめ世界各地から化石が発見されていますが，推定全長が20メートルをこえるものもあります。

恐竜がこのような巨体に育つためには，どれくらいの食事量が必要だったのでしょうか。たとえば体重42～48トンの「ディプロドクス」が，哺乳類のような恒温動物※であると仮定した場合，1日に約480キログラムもの植物が必要という指摘があります。

※：外気温に関係なく体温を一定に保つことができる動物。

（最古級の恐竜の登場から8000万年後）

ジュラ紀後期
（巨大な竜脚形類の出現）

ディプロドクス

全長34メートルほどで，全身が復元されているものとしては最大級の恐竜です。ジュラ紀後期の北アメリカには，20メートルをこえるアパトサウルス，スーパーサウルス，ブラキオサウルスなどが出現し，竜脚形類は巨大化のピークをむかえていたようです。

ジュラ紀前期
（原始的な竜脚形類の登場）

ヴルカノドン

エオラプトルとくらべ，胴がでっぷりとふくらんでいます。大量に植物を食べるために腸が長大化したことなどが原因という指摘もあります。また，エオラプトルより前足が長く，完全な四足歩行になっています。

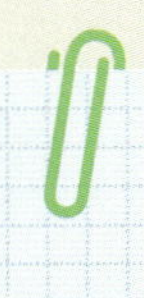

恐竜には二つのグループがある

恐竜は骨盤のつくりにより，「竜盤類」と「鳥盤類」に分けられます。竜盤類には「竜脚形類」と「獣脚類」が，鳥盤類には「装盾類」「鳥脚類」「周飾頭類」などが含まれます。

二足歩行をする肉食の恐竜「アロサウルス」

「ティラノサウルス」とくらべると，前肢は倍以上の長さがある。

四足歩行・植物食の竜脚形類に対し，二足歩行・肉食であったのが「獣脚類」です。「アロサウルス（カルノサウルス類）」はジュラ紀において，最強の名をほしいままにしていた肉食の獣脚類です。

特徴的な“長い前肢”は，前方向には突きだせなかったと考えられています。そのため獲物をつかむというよりは，強力なあごで噛みついたあとに，上から獲物をおさえこむために使っていたとする説もあります。

獣脚類は進化しながら枝分かれし，現在では「鳥類」として生き残っています。ジュラ紀後期に生息していた獣脚類であるリムサウルス（***Limusaurus***）は，前肢の指の特徴（本数など）が現生の鳥類とよく似ているため，鳥類の恐竜起源説を裏づける種とされています。

アロサウルス
推定全長は9～14メートルです。噛む力は，最大900キログラムほどと考えられています。アロサウルスは一つの地層から多数の化石が発見されており，群れをつくっていた可能性があります。また，その食生活は，狩りと屍肉食の両方によるとする説が有力です。

背中にかざりや装甲をもつ恐竜たち

「ステゴサウルス」はジュラ紀後期に生息した，背に多数の剣板（皮骨板）をもつ「装盾類（剣竜類）」の代表的な恐竜です。剣板の役割については，かつては防御用の武装であるとする説や，熱を吸収・放出するための構造であるとする説がありましたが，**近年では剣板はうろこの一種であり，その形によって個体識別を行っていたのではないかと考えられています**。

装盾類の中でも，頭部や背中，尾が皮骨でおおわれている植物食恐竜のグループを「鎧竜類」とよびます。鎧竜類の防御力は，剣竜類よりも高かったとみられています。「ガーゴイレオサウルス」は尾の先にこぶがなく，尾をスムーズに曲げることができたのに対し，「アンキロサウルス（アンキロサウルス類）」は尾の先に骨でできたこぶをもち，捕食者への反撃や同種間で争う際に使用された可能性が指摘されています。

ガーゴイレオサウルス
全長は約3メートルです。完全な状態で化石が復元されているものとしては，最も古い鎧竜類の一つです。背中をおおう皮骨の一つひとつが大きいのが特徴です。

皮骨という骨でできた剣板は，皮膚でおおわれています。皮骨どうしはくっついておらず，化石には皮骨に血管が走っていた跡もみられます。

のどには骨片が集まっており，急所を守る鎧のようなはたらきをしていたとする見方もあります。

ステゴサウルス

ステゴサウルスは，少なくとも14属を含む大きなグループです。中でも北アメリカのステゴサウルス属は最も大きな体をしており，大きな個体ではその全長が9メートルに達していたといいます。

アンキロサウルス

全長は約6メートル，肩までの高さは約1.7メートルで，扁平な体つきをしていたと推測されます。体重は3トンほどで，同時代の恐竜の中では重量級です。

アンキロサウルス類の化石は，内陸の地層で多く発見されています。一方でノドサウルス類の化石は，かつて沿岸だった場所から発見されることが一般的です。ノドサウルス類の化石はカナダやアメリカのほか，日本（北海道夕張市）でも発見されています。

白亜紀の最強ハンター「ティラノサウルス」

恐竜が最も多様に進化し繁栄した中生代最後の時代が,「白亜紀（約1億4500万～6600万年前）」です。**白亜紀を代表するのが，肉食恐竜（獣脚類）である「ティラノサウルス」です**。太くがっしりとした頭骨と，頑丈なあごから生みだされる力は強大で，噛む力（1本の奥歯にかかる力）は最大6トンと計算されています。

人体の内部を撮影するための「CTスキャナ」を使って，恐竜の頭骨を解析し，脳の構造を推測した研究があります。ティラノサウルスの脳の形をみたところ，体の大きさに対して嗅球（嗅覚をつかさどる部位）が非常に大きく，鋭い嗅覚をもっていたと考えられます。

現生の肉食動物と同じように顔の前面に眼がついていることから，獲物までの距離を正確に把握する空間認識力にすぐれていたと考えられています。
筋肉のつき方や関節の動きを考えると，小さい前足は獲物をおさえたり何かをつかんだりするよりも，立ち上がるときに体を支えることに向いていたようです。

ティラノサウルス
推定全長は10〜14メートル。1902年にアメリカ・モンタナ州の荒野ではじめて化石が発見され，その3年後に「ティラノサウルス・レックス（*Tyrannosaurus rex*）」と命名されました。近年ティラノサウルスは，体の一部に羽毛が生えた姿で再現されることが多いです。

長くのびたトサカをもつ「パラサウロロフス」

「鳥脚類」は，鳥盤類の中で，装盾類と分かれて進化したグループの一つです。二足歩行，あるいは四足歩行を併用しながら移動し，とくにハドロサウルス類は「デンタルバッテリー」とよばれる歯や，咀嚼のような複雑な動きができる柔軟性のあるあごを使って，植物を効率よく噛み切ったりすりつぶしたりして食べていました。

白亜紀後期に生息していたのが「パラサウロロフス（ハドロサウルス類）」です。**パラサウロロフスは，後頭部に長くのびたトサカをもちます**。これは，仲間とコミュニケーションをとるための“ツール”だったという説が有力です。骨でできたトサカの内側は空洞で，鼻の穴から先まで細長く管のようにつながっています。パラサウロロフスはここに空気（鼻息）を通すことで音を響かせ，敵の襲来を知らせるなどしていたと考えられています。

こちらが上面

デンタルバッテリー
ハドロサウルス類などの下あごの歯は，使用中の歯がすり減ると抜け落ち，新しい歯が下から次々と上がってくる「デンタルバッテリー」というしくみをもちます。

パラサウロロフス

推定全長約10メートルに対し，トサカの長さは1メートルほどです。発見当初，このトサカは水中を泳ぐ際の“シュノーケル”と考えられていましたが，現在は否定されています。なお，パラサウロロフスを含むハドロサウルス類は「カモノハシ恐竜（カモノハシ竜）」ともよばれます。

立派なツノをもつ「トリケラトプス」

パキケファロサウルス
推定全長は8メートルで，二足歩行をしていました。頭頂部は空洞ではなく，厚みのある骨です。かたい構造をもつ尾を，まっすぐにのばしてバランスをとることで，速く走ることができたと考えられています。

頭部に“かざり”を発達させたのが,「周飾頭類」です。周飾頭類はさらに,頭頂部が盛り上がってかたくなっている「堅頭竜類」と,ツノやフリルが発達した「角竜類」に分かれます。

堅頭竜類である「パキケファロサウルス」の頭頂部は,骨自体が厚みをもっていますが,衝撃を受け流せる構造ではなく,頭突きをして戦っていたわけではないようです。

角竜類に属する恐竜で広く知られるのが,「トリケラトプス」です。特徴的なフリルは幅1メートルに達し,**3本のツノは肉食恐竜に対するけん制や,仲間に自分の力をアピールすることなどに使われていたとみられています。**

トリケラトプス
推定全長は5〜6メートルです。成体の化石は単体で発見されていることから,単独行動をしていたのではないかという見方が有力です。親指側を前に向ける足のつき方によって,重い上半身を効率的に支えていたと考えられます。

流線形の体をもった魚竜類

恐竜が繁栄し，地上を支配する一方で，海に進出した爬虫類のグループもいました。「魚竜類」「クビナガリュウ類」「モササウルス類」です。

魚竜は，三畳紀前期から白亜紀中ごろまで生息した海生爬虫類です。**高速で泳ぐことに適した流線形の体をもち，中には全長が15メートル以上あるものもいたようです。**

約3～4メートルの全長に対して，直径20センチメートル以上の眼をもっていたのが「オフタルモサウルス」です。現生の脊椎動物における最大の眼は，シロナガスクジラ（全長25メートル）の直径約15センチメートルなので，その大きさがよくわかるでしょう。

オフタルモサウルスの眼は暗闇でも遠くまで見えたと考えられています。現生のネコよりも夜目がきいたようです。暗闇でよく眼が見えたことから，オフタルモサウルスを夜行性とみる説もあります。

オフタルモサウルス

体重や体形にもとづく計算によれば，最低20分の潜水が可能であり，毎秒1メートルの速さを保って泳ぐことができたといいます。これは単純計算で，水深600メートルまでもぐり，水面にもどることができたということになります。捕食者からねらわれないよう，日中は深く潜水していたのではないかと考えられています。

白亜紀の海を制した「モササウルス」

白亜紀後期に出現し，わずか数百万年という短期間で海の生態系の頂点にのぼりつめたのが「モササウルス類」です。**トカゲのような顔に，流線形の体とひれ状の足をもち，泳ぎが得意だったとみられます**。日本でも複数種の化石が，これまでに報告されています。

モササウルス類は，最大かつ最強の捕食者でした。たとえば「ティロサウルス」は，ステーキナイフのように肉を切ることに適した鋭い「縁辺歯」と，丸みを帯び，獲物をおさえるために使われた可能性が高い「翼状骨歯」という2種類の歯をもちます。これにより，さまざまな獲物に対応することができたと考えられます。

プラテカルプス
モササウルスの一種で，全長は5メートル弱ほどです。

モササウルス類は，右上にえがいたティロサウルス亜科・モササウルス亜科・プリオプラテカルプス亜科のほか，ハリサウルス亜科・テチサウルス亜科・ヤグアラサウルス亜科を加えた計六つに大きく分けられます。

ティロサウルス
モササウルスの一種で，全長は数～十数メートルです。モササウルス類の化石の腹部からは魚類やウミガメなど多様な化石がみつかっています。

クリダステス
モササウルスの一種で，全長は2～6メートルほどです。

史上最大のカメ「アルケロン」

白亜紀の北アメリカの海で，悠然と生活をしていたのが「アルケロン」です。全長約3.5メートル（甲長約2.2メートル），全幅約5メートル（甲幅約2メートル），体重は2トンに達していたとみられる史上最大のカメです。現在のウミガメは同じ種がおおむね世界中に広く生息していますが，アルケロンの分布域は非常にせまく，北アメリカ大陸からしか化石が発見されていません。

カメの化石をたどって時代をさかのぼると，中国の地層から発見された「オドントケリス」にたどりつきます。このカメの最大の特徴は，甲羅にあります。通常，現生のカメのように，頑丈な甲羅は背側と腹側にあり，その多くは体の側面でがっちりとつながり一体化しています。しかしオドントケリスには，腹側にしか甲羅がないのです。

オドントケリス
全長は40センチメートルほどです。歯は鋭く，腹側のみ完全な甲羅をもっています（背甲は未発達）。きわめて原始的なカメとされますが，未知の部分が多い生物です。

注：2018年には，中国貴州省の2億2800万年前の地層から「エオリンコケリス（*Eorhynchochelys*）」という甲羅をもたないカメの化石も新たに発見されています。

アルケロン
頭骨が非常にしっかりしており，鋭い口先に強い力が集中するつくりとなっています。遊泳のしかたなどをあわせて考えると，アルケロンはかたい殻をもつアンモナイトを主食にしていたと考えられています。

恐竜時代の空を支配した「翼竜類」

海に進出した爬虫類のグループに対し，空に進出したのが「翼竜類」です。**翼竜は“空飛ぶ恐竜”と表現されることもありますが，恐竜とはまったく別の生物です。**

翼竜類は二つのグループに大きく分けられます。「ランフォリンクス類」は，主に三畳紀の終わりからジュラ紀にかけて繁栄したグループで，比較的小型で，小ぶりの頭と長い尾が特徴です。これに対して「プテロダクティルス類」は，主にジュラ紀後期から白亜紀末に栄えたグループで，大型で頭部は大きく，尾は短いのが特徴です。また，多様な形をした頭部をもつ翼竜もこのグループに属しています。

プテロダクティルス類の頭部は空洞が多く，あごを動かす筋肉や頭部の筋肉も少なかったといいます。また，翼はほとんど膜であり，骨も中空で軽く，これにより心臓のあたりに重心がくるため，揚力※1とつり合い，空を飛べたと考えられます。

一方，ランフォリンクス類は長い尾をもつので，これでバランスや“舵”をとっていたという見方が強いとされています。

※1：翼が生みだす上向きの力のこと。

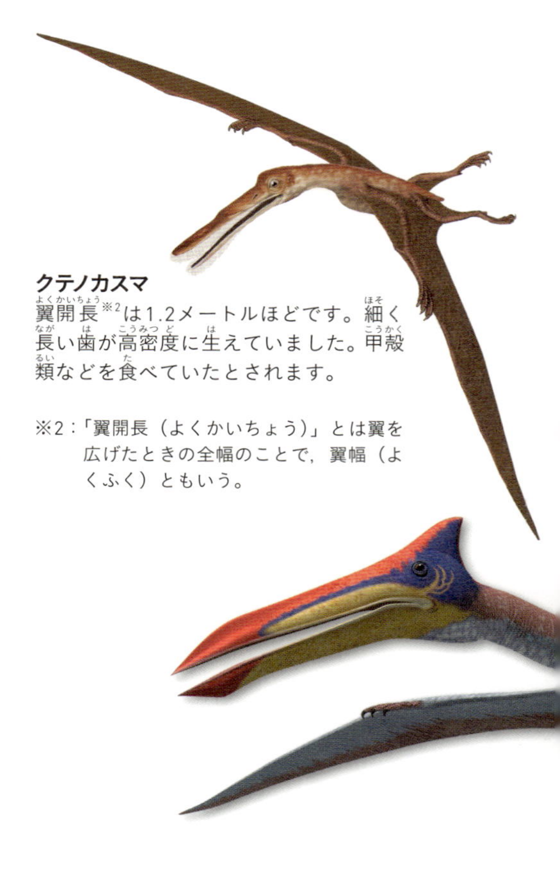

クテノカスマ
翼開長※2は1.2メートルほどです。細く長い歯が高密度に生えていました。甲殻類などを食べていたとされます。

※2：「翼開長（よくかいちょう）」とは翼を広げたときの全幅のことで，翼幅（よくふく）ともいう。

エウディモルフォドン

翼開長は1メートルほどです。最古の翼竜の一種です。あごの前部にくぎ状の歯をもちます。

ランフォリンクス（↑）

翼開長は40センチメートル（最小の種）～1.5メートルほどで，体重は約0.5キログラムです。口の外に向かって歯がのびており，口を閉じると歯が交差します。

プテラノドン（←）

翼開長は6メートルほどです。後頭部のトサカは，飛行中の舵とりに使われていた可能性が指摘されています。歯や歯茎の痕跡はなく，魚などを丸のみにしていたとみられています。

ケツァルコアトルス

翼開長は10～11メートルほどです。小型飛行機並みの翼をもつ翼竜で，飛行動物としては史上最大となります。内陸で恐竜の死骸などに群がっていた屍肉食であったという説もあります。

注：ラテン語の「Pter（翼）」の“P”は本来発音しないため，英語風の発音をもとにした種名記述では“テロダクティルス”や“テラノドン”などが正しいことになります。しかし日本では慣習的に「プ」をつけるラテン語式が多いため，本書もこの慣習にしたがっています。

突如として終わりをつげた恐竜時代

今から6600万年前，直径10キロメートルの小惑星が（現在の）メキシコ・ユカタン半島に衝突しました。大量の粉塵が大気中へ巻き上げられたことで，太陽光は遮断され，気温が低下しました。その結果，食物連鎖を支える光合成生物は激減し，ひいては陸・海・空にすむ動物たちの多くを滅ぼすことになったとみられています。この事件は白亜紀（ドイツ語でKreide）と新生代・古第三紀（英語でPaleogene）の境界におきたことから，「K/Pg境界絶滅事件」あるいは「白亜紀末絶滅事件」とよばれます。

K/Pg境界絶滅事件によって，大型爬虫類がさまざまな生態系を支配していた恐竜時代は終わりをむかえます。そして時代の主役は，哺乳類へと移ることになるのです。

突如としておきた小惑星の衝突

白亜紀末におきた小惑星の落下では，恐竜などの爬虫類やアンモナイトなど，8割前後の動物が絶滅したといいます。陸上の脊椎動物については，25キログラムという体重が生死を分ける一つの境目だったようです。これは，一般的に食物を大量に必要とする，生態系のより上位に位置するものが滅んだことを意味します。

コーヒーブレイク
Column COFFEE BREAK

北海道でみつかった不思議な形のアンモナイト

ジュラ紀から白亜紀に世界の海で大繁栄し，ときには海生爬虫類のエサとなっていたのが「アンモナイト」です。

古生代・シルル紀に出現したアンモナイト（バクトリテス類）は，白亜紀になると「異常巻き」とよばれるバネのように巻いた殻をもつものや，キセルのようにのびた殻をもつものなどがあらわれます。ここでいう“異常”とは，遺伝的なものではなく，ほかの大多数のアンモナイトにくらべて，変わった巻き方をするということです。また，殻の巻き方は個体ごとにことなるものではなく，種として共通したものです。

異常巻きアンモナイトの代表格が，北海道を中心に産出する「ニッポニテス」です。殻は一見ランダムに巻かれているようにみえますが，「平面巻き」と「左（右）らせん巻き」の3通りが交互にあらわれるという規則性をもちます。これはニッポニテスが成長する過程で，体の浮力のバランスが均等になる（開口部が下を向かない）ように殻の成長方向を変えた結果であるとする説が有力です。

ちなみに，**異常巻きアンモナイトの化石は世界各地で発見されていますが，ニッポニテスほど複雑な巻き方をしたアンモナイトはほかに類をみません。**

ニッポニテス
全長は10〜13センチメートルです。成長にともなって殻を口の先にのばしていき，殻の口が上を向きすぎたら下向きに，下を向きすぎたら上向きにといったように，成長方向が変わるようにしていたようです。これにより，複雑な巻き方ができあがったとみられています。

5

哺乳類が繁栄する

新生代

小惑星の衝突によって，恐竜をはじめとする大型爬虫類の時代は終わりをむかえ，現在までつづく「新生代」が幕をあけることになります。恐竜にかわって台頭したのが，「哺乳類」です。第5章では，新生代に生息したさまざまなおもしろい生き物たちを紹介します。

大量絶滅からのがれた生物も存在した

アルシノイテリウム
北アフリカに生息していました。ゾウ類に近縁と考えられていますが，その直接の祖先は不明です。鼻に大きな一対のツノと，目の上に小さな一対のツノがあります。
チャンプソサウルス
ワニに似ていますが，ワニとは別のグループに属します。全長は1.5～3.5メートルほどで，淡水で暮らしていたようです。

新生代初期の哺乳類たちは，生息環境や食べる物に応じて姿や形を変えながら適応し，種をふやしていったようです。**これを「適応放散」とよびます**。

「暁新世（約6600万～5600万年前）」の哺乳類は，現在までつづいていないものが多く，次の「始新世（約5600万～3400万年前）」に出現した新たなグループとの競争に敗れ，多くは2000万年間ほどで絶滅してしまいました。当時から生き残っているのは「霊長類（サルやヒトなど）」「真無盲腸類（モグラなど）」「食肉類（イヌやネコなど）」など，一部の哺乳類に限られます。

一方で暁新世には，K/Pg境界絶滅事件からのがれた生物も生息していました。「ガストルニス」は，頭の先から足元までの高さが2メートルほどある巨大な「鳥類」です。獣脚類に似た姿ですが飛べず，地上を歩きまわっていたようです※。大きなくちばしで，植物やその種子などを食べていたのではないかとされています。

※：このような特徴をもつ鳥類を「恐鳥類（きょうちょうるい）」とよぶこともありますが，これは系統のことなる種からなっており，生物学上の正式な分類名ではありません。

ガストルニス
鳥類。ヨーロッパやアメリカ，中国から化石が産出します。

始新世に出現した原始的なウマの仲間

ドイツのメッセル・ピットというところは，化石の産地として有名で，始新世に存在した動植物の化石が大量に発見される場所として，世界自然遺産にも登録されています。**イラストは，約4900万年前の当地の光景を復元したものです**。なお，夜行性と思われる生物もいっしょにえがきました。

「プロパレオテリウム」は，原始的なウマの仲間で「奇蹄類」に属します。その大きさは，現在のイヌとあまり変わりません。また，ひづめのある指が前足に4本，うしろ足に3本あることも，各足にひづめが1本しかない現在のウマとの大きなちがいです。

手前にいるのは，うろこでおおわれた体をもつ「エオマニス」という「有隣類」です。エオマニスは最も古いセンザンコウの仲間で，昆虫やアリを食べていたことがわかっています。**なお，メッセルの化石は非常に保存状態がよく，胃の内容物が化石として保存されているものも少なくありません**。

レプティクティディウム
全長は60～90センチメートルで，半分ほどを尾が占めます。

エオマニス
全長は50センチメートルほどで，全身がうろこにおおわれています。

突然温暖化した地球

5600万年ほど前，地球は突然温暖化しました。この事件は「暁新世（Paleocene）/始新世（Eocene）境界温暖化極大イベント（PETM：Paleocene-Eocene Thermal Maximum）」とよばれています。PETMは20万年ほどのごく短い期間で終わりましたが，温暖期自体はその後約500万年間つづいたとされます。

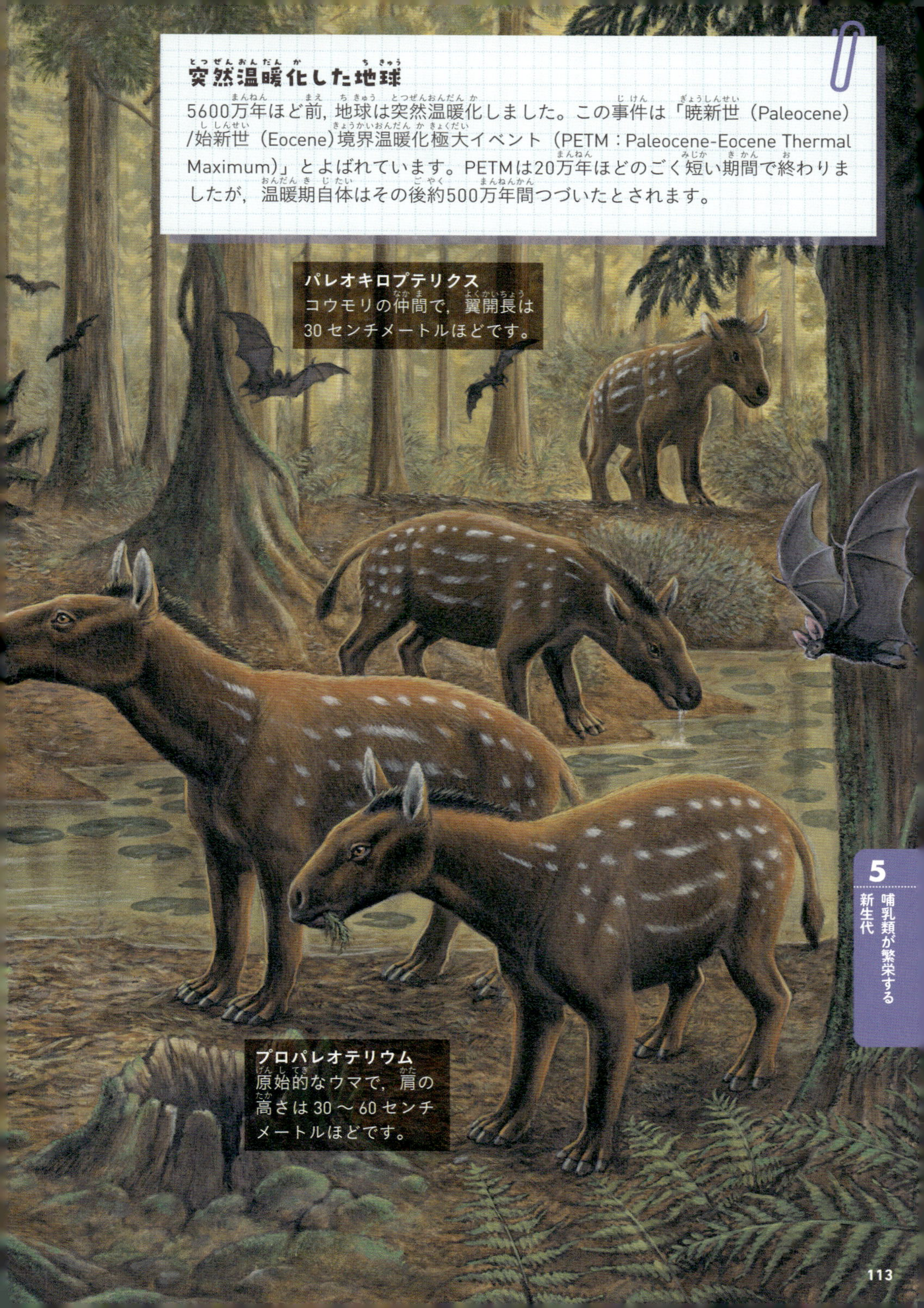

パレオキロプテリクス
コウモリの仲間で，翼開長は30センチメートルほどです。

プロパレオテリウム
原始的なウマで，肩の高さは30～60センチメートルほどです。

史上最大の陸生哺乳類「パラケラテリウム」

漸新世（約3400万～2300万年前）に生息した**史上最大の陸生哺乳類が「パラケラテリウム」です**。カザフスタンで発見された化石は全長7.5メートル，肩の高さは4.5メートルほどで，その高さは一般的な横断歩道橋に相当します。

“パラケラテリウム”とは，ツノをもたないサイであるアケラテリウムに類似することに由来します。パラケラテリウムは，樹木の枝や葉を食べていました。また体形はスリムで，細長い足をもっていました。このことから，かなり速く走ることができたのではないかと考えられています。**ツノはありませんが，現生のサイと近縁のグループに分類されます。より大きなグループでみると奇蹄類に属します**。この時代，奇蹄類は哺乳類を代表するほどの多様性があり，サイ上科だけで90以上の属がありました。

パラケラテリウム

1916年に，ロシアのA・ボリシャックによって「インドリコテリウム」という名前（属名）が提唱されましたが，それに先立つ1911年に，***Paraceratherium***の属名が提唱されていたため，インドリコテリウムの名は，パラケラテリウムに吸収されました。

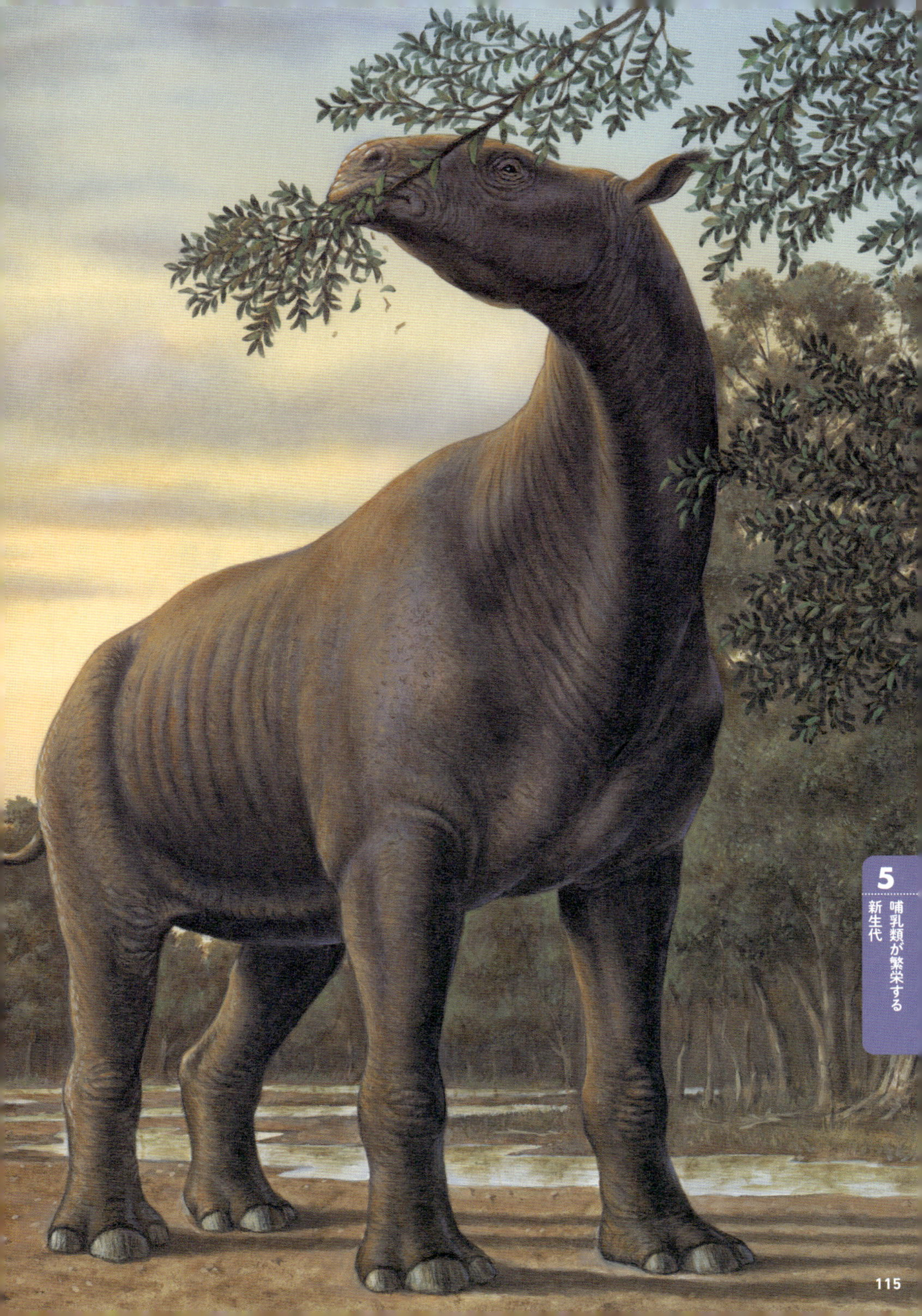

海へと進出した哺乳類「クジラ類」

海へ進出した哺乳類の代表格が「クジラ類」です。**最古のクジラは「パキケトゥス」とよばれる半水生動物です。**

パキケトゥスの登場から100万年ほどすると，クジラの進化は次のステップへと移ります。このステップの代表は，ワニのような姿をした「アンビュロケトゥス」です。それ以後は何種類かのクジラ類が出現しますが，その一つである「ロドケトゥス」になるとほぼ完全に水生適応していたと考えられています。

次に，約3900万年前に，流線形の体や尾びれをもつ「ドルドン」や「バシロサウルス」が出現します。**そして，ドルドンから現生の「ハクジラ類」と「ヒゲクジラ類」が進化したと考えられています。**

インドヒウス
パキケトゥスと共通の祖先から分かれたとされる陸生動物。

1 パキケトゥス
河川や湖に生息していて，水底の無脊椎動物を食べていました。

2 アンビュロケトゥス
海で暮らし，陸生動物を捕食していました。足の水かきは，ひれ状になるなどの進化がみられます。

クジラ類の系譜

陸から海へと進出したクジラ類の約5000万年間の系譜をえがきました。最古のクジラであるパキケトゥスの大きさが約1.5メートルなのに対し，現生のマッコウクジラは約15メートルと，実に10倍のサイズに進化しています。

4 現生のクジラ類
うしろ足は退化し，消失しています。首の骨は短くなり，振ることはできません。鼻は泳ぎながらでも呼吸できるように後方へ移動し，穴の位置は高くなっています。
ザトウクジラ
マイルカ
3 バシロサウルス
全長は約20メートル。ゆっくりうねるように泳ぎ，サメやタラなどを食べていたようです。
マッコウクジラ
3 ドルドン
前足は完全なひれですが，うしろ足は消失間近です。水生適応する一方で，高速・長距離遊泳には特化していません。

アシカの仲間はクジラよりも遅れて海に進出した

アシカ

アシカやアザラシなどは「鰭脚類」とよばれる哺乳類のグループです。**現生哺乳類の遺伝子解析による研究によると，鰭脚類は約3800万年前（始新世）に，イタチなどの共通祖先と分岐したとされます。**

アメリカ・カリフォルニア州の約2800万年前の地層から発見された，化石として残る最も古い鰭脚類の「エナリアークトス」の容貌はアシカに近いものです。一方で，エナリアークトスとほぼ同時代か，それよりも新しい鰭脚類の仲間に「ポタモテリウム」と「プイジラ」という水生哺乳類がいます。クジラ類でいう「パキケトゥス」のような，水中生活に本格的に適応する前の動物であり，どちらもその姿形はカワウソに近いものです。

ポタモテリウムの化石は北アメリカの内陸部とヨーロッパ，プイジラはカナダの北極圏の島で発見されています。**これらをみるかぎり，鰭脚類は3800万年前から2800万年前の北アメリカ大陸で進化し，その後海へと進出したと考えられます。**

アザラシ

アシカとアザラシ

鰭脚類は，アシカ型とアザラシ型に大きく二分することができます。アシカとアザラシは，化石の産出記録も大きくことなっています。原始的なアシカの化石は北アメリカ大陸の太平洋側と各島々で，原始的なアザラシの化石はほとんど北アメリカ大陸の大西洋側で発見されています。つまり化石の産出地が北アメリカ大陸の東西に分かれるのです。ただし，形態的にはいちばん原始的なアザラシが，現在ハワイに生息しています。

草原が広がる大地に出現した哺乳類

地中をすみかにする小型哺乳類もいた

それまで世界中で繁茂していた亜熱帯性の森林は縮小し，今日のアフリカにみられるようなイネ科植物の草原が各地で広がっていきました。小型の哺乳類の中には，乾燥し寒暖差のはげしい地上より，湿っていて温度が一定の地中に穴を掘り，昆虫や草などを食べる生活を好むものもいたようです。

ケラトガウルス（エピガウルス）
体長は40センチメートルほど。地中に穴を掘り，草などを食べて生活していたと考えられています。

新第三紀（約2300万～260万年前）には地球規模で寒冷化や乾燥化が進みました。その結果，各地で草原が広がっていきました。**哺乳類は，この時代にも多様化を進めていき，とくにシカやウシのように，ひづめのある指を偶数本もつ偶蹄類※が種数をふやしていきました。**

イラストは，当時のアメリカ南部の草原をえがいたものです。鼻（吻部）の上に特徴的なY字形のツノをもつ動物は「シンテトケラス」です。全長は2メートルほどで，ツノは雄だけがもっていたとみられています。

※：鯨類の姿形は陸生の偶蹄類からかけはなれているため，しばしば鯨偶蹄類ともよばれます。
シンテトケラス
現生のラクダの仲間に近縁とされます。背後で草を食べているのは雌です。
アメベロドン
下あごの2本の歯が平たく前にのびた，現生のゾウの原始的な仲間の一つとされています。

肉食動物から身を守るための進化

環境に合わせて進化した生物たち

ことなる系統でありながら，同じような形態に進化することを「収斂進化」とよびます。たとえば海生哺乳類と海生爬虫類の形態は，海岸や浅瀬，遠洋などさまざまな環境に適応するために類似したものになりました。同様の例として，ネコ科の食肉類「スミロドン」と，有袋類の「ティラコスミルス」があります。

草原では，身をかくすことができません。**そのため，哺乳類は肉食動物から身を守る能力をさまざまに工夫しました**。たとえばウマの祖先は，つま先で走る形態に進化しました※。同時に，大腿骨（太ももの骨）を長くすることで，それを動かす筋肉が長くなり，大きな一歩を踏みだせるようになりました。これにより，スピードを出して草原を逃げることが可能になったのです。

一方ゾウ類は，「より重く大きく」なることで身を守るという進化戦略をとりました。大きくなるためには大量に食べなくてはならないため，歯が巨大化します。その結果，ゾウ類の頭骨には，巨大な歯とそれを支える頑丈な下あごや牙などがそなえられるようになりました。

また，重い頭骨を支えるため，ゾウ類の首は次第に短くなっていきましたが，短い首は水を飲むのに不向きです。こうして進化したのが「長い鼻」だと考えられています。

※：ヒトを含め，多くの動物はかかとをついたべた足で歩行しています。

デイノテリウム
肩の高さは約 2.5 メートル。ヨーロッパやアジア，アフリカで栄えました。ほかの多くのゾウ類の牙は，上あごから正面に向かってのびるのに対し，デイノテリウムの牙は下あごから下へのびるという特徴があります。一見すると奇妙な印象を受けますが，形態的には一定の成功をおさめていたらしく，約 2000 万年間形態をほとんど変えていません。牙で木の皮をはいで，食べていたと考えられています。

俊足で大型の肉食鳥類「フォルスラコス」

南アメリカ大陸において，「中新世（約2300万～ 530万年前）」で食物連鎖の頂点に立っていたのが「フォルスラコス」です。**鳥類ですが，体が大きく空を飛ぶことはできない“恐鳥類”です。肉食性で足は速かったとされます。**

当時の南アメリカ大陸には，現在のイヌに似た肉食有袋類はいたものの，目立った大型の肉食哺乳類はいませんでした。遅くとも300万年前ごろ（鮮新世後期）までに「パナマ陸橋（パナマ地峡）」が誕生し，北アメリカ大陸と南アメリカ大陸が地つづきになると，イヌ科やネコ科などの動物が南アメリカ大陸に入ってきました。これによりフォルスラコスは生存競争に敗れ，やがて絶滅したと考えられています。

なおパナマ陸橋の誕生は，ほかのさまざまな動物にも影響をあたえたことがわかっています。

ジネズミオポッサム類
ネズミに似ていますが，カンガルーなどと同じ有袋類に属します。なお，ジネズミオポッサムの仲間は，現在でも南アメリカ大陸に生息しています。

フォルスラコス
頭の先から足元までの高さが１～３メートルほどある，巨大な肉食鳥類です。

独特の歯をもつ「デスモスチルス」

中新世前〜中期にあたる1800万〜1300万年ほど前，「デスモスチルス」という哺乳類が北太平洋沿岸の浅瀬で暮らしていました。**海と陸を行き来していたようで，奇蹄類（サイやバク）に近縁と考えられています。**

デスモスチルスは「謎だらけの奇獣」として知られます。たとえば，私たちヒトを含めた哺乳類の歯は前から切歯，犬歯，臼歯で構成されています。しかし，「デスモスチルス・ヘスペルス」という種では，上あごには前歯（切歯・犬歯）がなく，下あごは，成長にともなって使用する歯が切歯から犬歯に変わるようです。また，奥歯（臼歯）は束ねたホウレンソウの茎部分を包丁で切ったときの断面のような形をしています。

デスモスチルスはこれまで，耳介（耳の外側に出っぱった部分）をもち，胴体から横に4本の足がのびた姿でえがかれることが多かったのですが，実は耳介はなく，ひれに近い四肢をもち，セイウチのような姿勢で歩いていたようです。

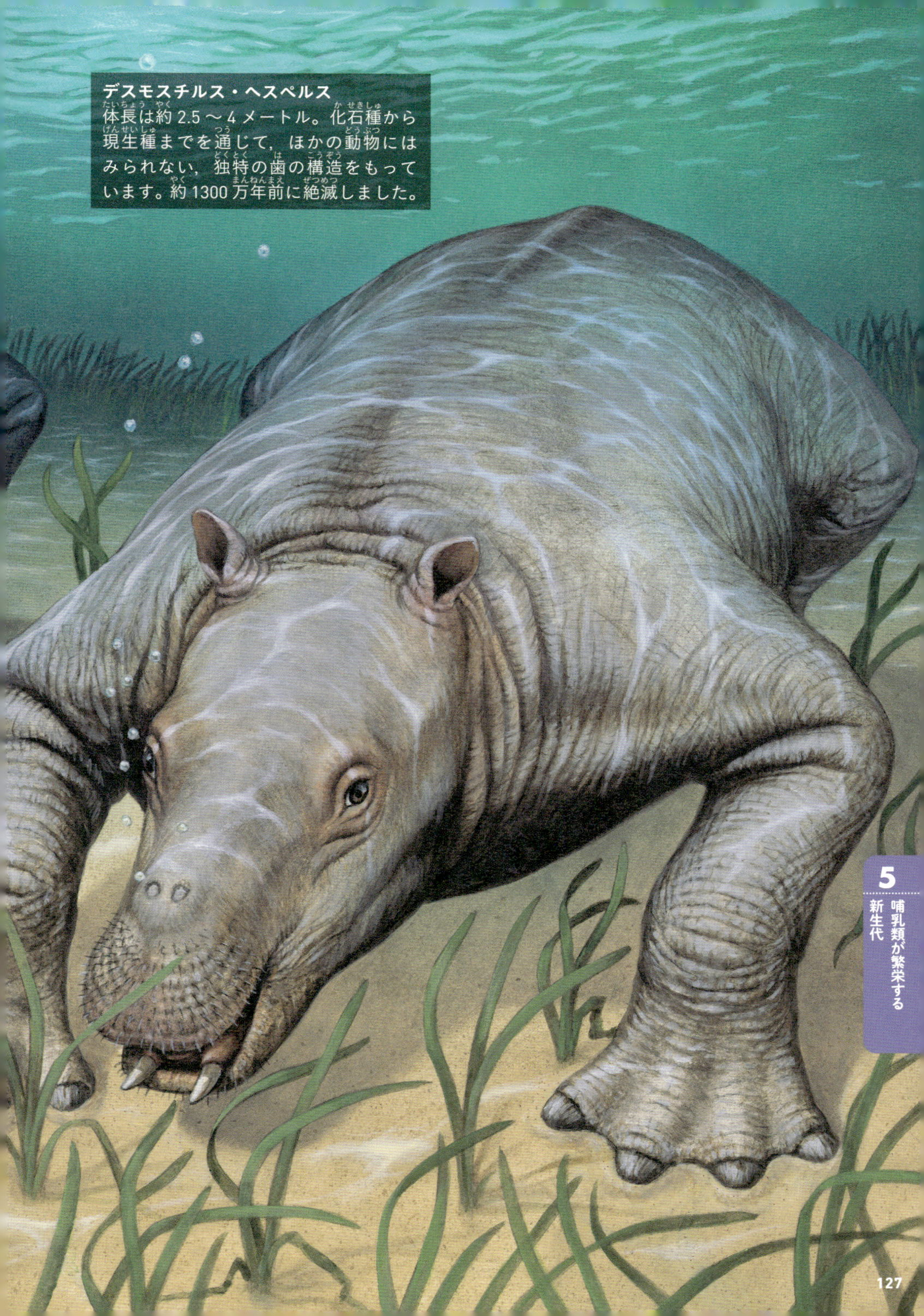

デスモスチルス・ヘスペルス
体長は約 2.5 ～ 4 メートル。化石種から現生種までを通じて，ほかの動物にはみられない，独特の歯の構造をもっています。約 1300 万年前に絶滅しました。

鋭い歯が武器の「メガロドン」

メガロドンの歯
（長さ約 15 センチメートル）。

約2300万～360万年前，世界中の暖かい海に生息していた最強の海生動物が「メガロドン（ムカシオオホホジロザメ）」です。

サメの体は主に軟骨でできているため，歯以外の部分は化石として残りにくく，全長などは，歯の大きさから現生のサメの体の形に合わせて推計するしかありません。そのため，かつてメガロドンは“史上最大のサメ”とされましたが，実際には15メートルをこえることはまれだったようです。ちなみに，史上最大のサメは，オキアミなどを捕食する現生のジンベエザメとされています。

サメは噛む力が非常に強く（ホホジロザメは2トン），メガロドンも同様であったと考えられます。**強靭な口を武器に，アザラシやセイウチなどの鰭脚類や小型のクジラを捕食していたと考えられています。向かうところ敵なしのメガロドンでしたが，ホホジロザメなどとの生存競争に敗れて絶滅したと考えられています。**

メガロドン
メガロドンの歯の化石は，世界各地で発見されています。4～13センチメートルほどと現在のホホジロザメより大きく，中には約18センチメートルのものも発見されています。

更新世にみられた大型の哺乳類

約260万年前，"人類の時代"として知られる「第四紀」がはじまりました。現在にみられるような哺乳類は，第四紀初頭までにほぼ出そろいました。**一方で第四紀の大部分を占める時代である「更新世（約260万～1万2000年前）」には，現在ではみることのできない大型の哺乳類が，世界各地に生息していたことが知られています。**

右上のイラストで「ティラコレオ」とにらみ合うのは，「ディプロトドン」です。ディプロトドンは植物食の有袋類で，大きなものでは肩の高さが2メートル，体長は3メートルをこえます。この数値は古今の有袋類の中で最も大きいものです。**なお，オーストラリアにすむ多くの大型哺乳類は，約4万5000年前に絶滅しています。**

右下のイラストで，幼いジャイアントバイソンに襲いかかる「スミロドン」は，ネコ科の動物です。「サーベルタイガー（剣歯虎）」ともよばれますが，現生のトラと類縁関係が強いわけではありません。

スミロドンは，その長い牙（犬歯）を獲物の喉元などに突きたてることで仕留めていたとみられています。しかし，この牙自体はそれほど丈夫ではなく，格闘の武器には向いていなかったようです。太い前足で相手を攻撃して弱らせたのちに失血死させる，"トドメの一撃"として使われていたのでしょう。

南北アメリカ大陸でも大型の哺乳類が約1万年前に次々と姿を消し，結果として彼らを捕食するスミロドンも絶滅することとなります。**オーストラリアの絶滅もアメリカの絶滅も，気候変動（寒冷化）が原因とされていますが，当時勢力を拡大しつつあったヒトによって滅ぼされた可能性も指摘されています。**

オーストラリア南東部（約12万〜1万年前）
ディプロトドン
ティラキヌス
（フクロオオカミ）
ティラコレオ
（フクロライオン）
北アメリカ大陸（更新世）
スミロドン
体長は約2メートル。15センチメートルをこえる牙は，ギザギザの構造をしています。この“特徴”を最大限に生かすために，あごは最大120度まで開いたとみられます。
ジャイアントバイソン
5
新生代
哺乳類が繁栄する

氷期の北半球に生息した「マンモス」

大規模な氷河が発達していた時代を「氷河時代」といい，とくに寒冷な時期を「氷期」，比較的温暖な時期を「間氷期」とよびます。これまでに，氷期と間氷期が4回ほどくりかえされました。**最後の氷期であるヴュルム氷期（約7万～1万2000年前）に，北半球に生息していたのが「マンモス（ケナガマンモス）」です。**

ケナガマンモスの鼻や耳は，現在のゾウとはことなりますが，手足に「肉趾」があるという点では共通しています。ゾウの始祖はひづめのある草食動物で，最初はべた足をしていて，のちにつま先立ちとなりました。この動物が進化し大型になると，指先だけでは体重を支えきれず，手足の骨のうしろ側に弾力のある組織ができました。これが肉趾です。“クッション”の役目を果たす肉趾は，その巨体を支えるだけでなく，音を立てずに歩くことを可能にしています。

ケナガマンモスは4000年前ころまでに絶滅しましたが，人類により絶滅に追いこまれたとする説もあります。

ケナガマンモス
肩の高さは雄で最大3.5メートルほど，雌で3メートルほどです。更新世後期，ケナガマンモスの生息地には大草原が広がっていたといわれています。1日あたり200～300キログラムの草を食べていたようです。

マンモスの小さい耳

アフリカゾウやアジアゾウのように暑い土地で暮らすゾウは，暑くなると耳を広げて放熱します。しかし，ケナガマンモスのように寒い土地で暮らすゾウは，耳を放熱に役立てる必要がなかったため，二次的に小さい耳に進化したものと考えられます。

白亜紀に登場した「霊長類」

私たちヒトは，チンパンジーやゴリラなどと同じ「霊長類」に属しています。遺伝子解析による推測によれば，その出現は今から8500万～8000万年前の中生代・白亜紀とされています。

初期の霊長類には，二つの特徴がありました。それは「前を向いた両眼」と「ものをつかむことのできる手足」です。私たちが，ものを立体的に見ることができるのは，左右の視界が一部重なっているためです。それによって獲物までの距離感がつかみやすくなるので，小動物でありながら高カロリーである昆虫をとらえることが可能になるのです。

手足の特徴はじゃんけんの「グー」のしぐさをしてみるとわかりやすいでしょう。親指がほかの指に対して向かい合っています。そして“すべり止め”の役目としての「指紋」をもつことにより，霊長類はゆれ動く樹上でも，しっかりと枝をつかむことができるようになりました。ただし，ヒトの足は平地の歩行に適するように進化したため，「向かい合う親指」ではなくなっています。

樹上で成功した霊長類は，次第に体が大きくなっていき，5000万年前の始新世中ごろになると，体重が800グラムをこえるものも出現しました。**こうして大型化の道を歩む霊長類から，やがて「人類」が出現するのです。**

最古の人類は約700万年前の中新世後期にあらわれた直立二足歩行動物「猿人」です。直立二足歩行は長距離の移動が可能です。さらに立ち上がることで視界がよくなり，天敵である肉食動物の接近をいち早く察知することができるようになりました。

猿人からはじまった人類は，石器や火などの道具の使用や脳容量の肥大化などを通じて，原人から現生人類へと進化していきました。**そして約20万年前，アフリカを出て，世界中へ進出していったようです。**

アルディピテクス
約580万〜440万年前の人類「アルディピテクス」の復元イラスト。最も初期の人類（猿人）の一つです。大型類人猿と人類とを結びつける中間種の一つともされています。

プルガトリウス
化石が発見されているものとしては，最古の霊長類です。ネズミほどの大きさで，ときには木にのぼり生活していたようです。

コーヒーブレイク

Column COFFEE BREAK

ペットで人気のイヌとネコの祖先

ペットとして大人気のイヌとネコ。彼らの祖先をたどってみてみましょう。まず，イヌの祖先はハイイロオオカミのようです。化石の類似性に注目してオオカミの歴史をさかのぼっていくと，およそ1000万年前・中新世後期まで生息していた「レプトキオン」という動物にたどりつきます。レプトキオンは肩の高さが25センチメートルで，キツネに近い姿をしています。

レプトキオンの祖先に位置づけられるのが，約4000万年前・始新世後期から生息していた，肩の高さ20センチメートルほどの「ヘスペロキオン」で，その祖先は肩の高さ25センチメートルほどの「ミアキス」です。およそ5500万年前に生息していたミアキスは，イヌとネコの共通の祖先でもあると考えられています。

イヌの祖先は，地球の乾燥化とともに広がった草原に適応するかのように誕生したとみられています。一方，ネコの系統は，今も昔も全体として姿に大きな変化はないようです。

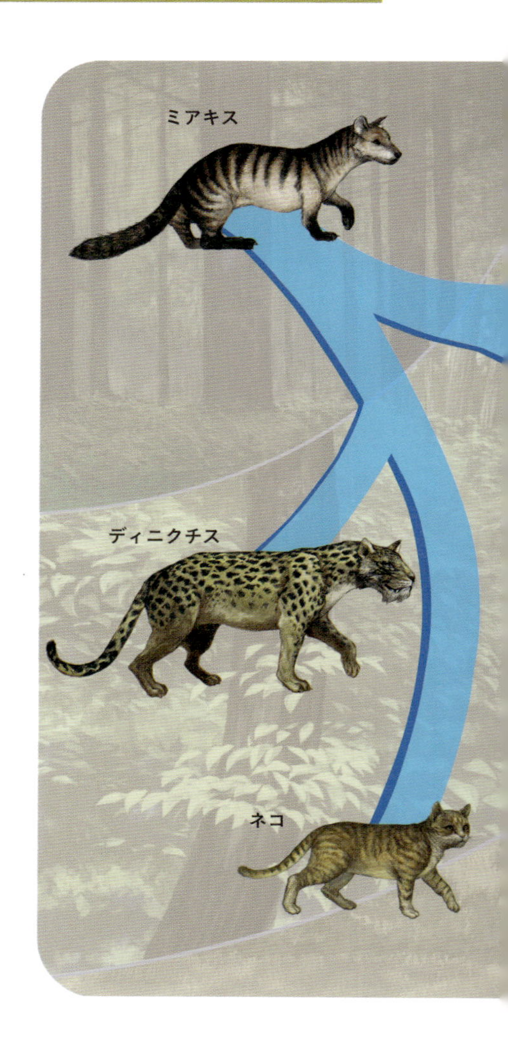

イヌとネコの系譜

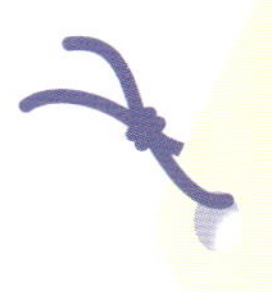

共通祖先であるミアキスから，イヌとネコの仲間がどのように進化したのかをえがきました。背景の植物は，その動物がいたおおよその環境を示しています。

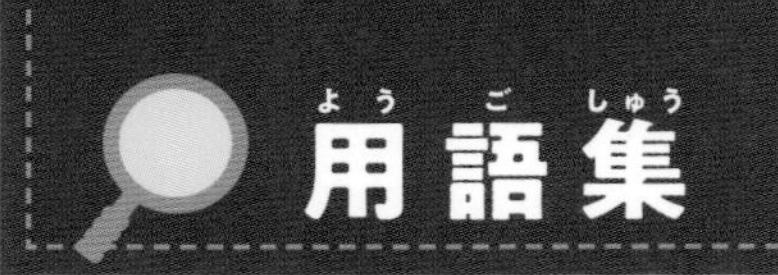

K/Pg境界絶滅事件

約6600万年前，中生代・白亜紀（ドイツ語でKreide）と古第三紀（英語でPaleogene）の境界におこった生物の大量絶滅事件。地球に小惑星が衝突したことが原因とされる。

P/T境界絶滅事件

ペルム紀（Permian）中期から三畳紀（Triassic）前期にかけておこったとされる，生物の大量絶滅事件。絶滅の割合については研究者によってことなるが，海洋生物では種のレベルで9割以上，陸上生物では7割以上とされる。たとえばウミユリは一つのグループが現在まで生き残っているが，それ以外は絶滅している。P/T境界絶滅事件はかつて“単一の出来事”と考えられていたが，現在は約2億6000万年前と約2億5000万年前におこった二つの絶滅が複合したものであったことが判明している。

エディアカラ紀

約6億3500万～5億3900万年前（先カンブリア時代末期）の時代。これ以降の生命史は，主に化石の記録にもとづいて語られるようになる。なお，エディアカラ紀は，かつてロシアの地質区分にもとづいて「ベンド紀」とよばれていた。

猿人

約700万年前の中新世後期にあらわれた直立二足歩行動物で，最古の人類とされる。直立二足歩行はナックルウォーキング（類人猿独特の歩き方）にくらべて骨や筋肉への負担が少なく，獲物を求めて長距離を移動することを可能にしたとされる。約240万～180万年前には，「ホモ・ハビリス」と「ホモ・ルドルフェンシス」などの「原人」が生息していたとされる。ただし，猿人と原人の化石が時間的に連続して発見されていることから，両者を明確に区別することはむずかしい。今から約20万年前には，いわゆる現生人類である「ホモ・サピエンス（*Homo sapiens*）：新人」が登場する。新人と共通の祖先から独自に進化し，絶滅したのが，ネアンデルタール人などの「旧人」である。

オルドビス紀

カンブリア紀につづく，古生代第2の時代（約4億8500万～4億4400万年前）。その名は，イギリス・ウェールズ地方に存在した「オルドバイス」という部族にちなむ。

カンブリア紀

古生代第1の時代（約5億3900万～4億8500万年前）。名前の由来は，この時代の岩石が初めて発見されたイギリス「ウェールズ（地名）」のラテン語名にある。

古第三紀

新生代の時代区分の一つで，さらに暁新世（約6600万～5600万年前），始新世（約5600万～3400万年前），漸新世（約3400万～2300万年前）からなる。ドイツの「メッセル・ピット」は，始新世に存在した動植物の化石が発見される場所として広く知られる。

五大絶滅

エディアカラ生物群の時代以降，生命史において6度の大量絶滅があった。このうち，情報量の少ない最初の絶滅をのぞく五つを「五大絶滅（ビッグファイブ）」とよぶ。4億4400万年前のオルドビス紀末では，三葉虫やオルソセラス（直角貝）といった種が大打撃を受けた。3億7400万年前のデボン紀後期では，ダンクルオステウスをはじめとする海洋生物が大量に姿を消した。2億5200万年前のペルム紀末では，生命史上最大規模の海洋生物・陸上生物の絶滅がおこっている。2億年前の三畳紀末では，アンモナイトや単弓類たちが衰退していった。そして，6600万年前の白亜紀末におこったのが，有名な恐竜の大量絶滅である。

三畳紀

一般に“恐竜の時代”として知られる中生代第1の時代。約2億5200万～2億100万年前にあたり，その名は，ドイツでみられるこの時代の地層が3層からなることに由来する。初期は単弓類が勢力を保っていたが，中期になると主竜類（クルロタルスス類・恐竜）の台頭がはじまる。

ジュラ紀

中生代第2の時代（約2億100万～1億4500万年

前）。その名称は，フランス・スイス両国にまたがる「ジュラ山脈」にちなむ。それまでさまざまな生態系にいたクルロタルスス類は姿を消し，恐竜が時代を代表する動物群へと進化していく。

シルル紀

約4億4400万〜4億1900万年前，古生代第3の時代として知られる。イギリス・ウェールズ地方にかつて存在した「シルレス族」という部族に由来する。イギリスの地質学者ロデリック・マーチソン（1792〜1871）により名づけられた。

新第三紀

新生代の時代区分の一つで，さらに中新世（約2300万〜530万年前），鮮新世（約530万〜260万年前）からなる。

石炭紀

約3億5900万〜2億9900万年前，古生代第5の時代。地質時代の名称の多くは，最初にその時代の研究がなされた地域名に由来するが，石炭紀は唯一，人類の「産業」と密接にかかわる名がついた時代である。この地層はその名のとおり石炭を大量に含み，18世紀にイギリスではじまった産業革命を支えることになる。

脊椎動物

背骨をもつ動物のこと。名前の似た「脊索動物」は，体の中に脊索（背骨のような棒状の支持器官）をもつ動物をさす。

先カンブリア時代

地球の歴史は，大きく四つに分けることができる。古いほうから「冥王代（約46億〜40億年前）」「太古代（約40億〜25億年前）」「原生代（約25億〜5億3900万年前）」「顕生代（約5億3900万年前〜）」だ。顕生代はさらに，古生代・中生代・新生代に分けられる。冥王代・太古代・原生代をあわせて「先カンブリア時代」という。その期間は実に40億年ほどで，地球の歴史の85％以上に相当する。

第四紀

新生代の時代区分の一つで，さらに更新世（約260万〜1万2000年前），完新世（約1万2000年前〜現在）からなる。

澄江動物群

中国・雲南省の澄江で発見された動物たちのこと。バージェスと並ぶ大発掘地として注目されている。東京ドーム約111個分の広さ（約512ヘクタール）をもち，地層の年代はバージェス頁岩よりも1500万年ほど古い。1984年以降，200種類以上の化石が発見されており，ここでしかみられない生物も存在する。

デボン紀

古生代第4の時代（約4億1900万〜3億5900万年前）で，この時代の地層が広がるイギリス南西部の「デボン州」から命名された。魚類の時代としても知られる。

バージェス頁岩

カナダ・ブリティッシュコロンビア州にある地層で，カンブリア紀生物の化石が多く発見される場所として世界的に有名。約5億2000万年前は浅い海の底だったと考えられている。そこに暮らしていた動物たちは，発見された地名をとって「バージェス頁岩動物群」とよばれている。発見から100年以上経過した現在でも，バージェス頁岩で採集された化石の大部分はウォルコット・ファミリーによるものである。

白亜紀

恐竜が最も多様に進化し繁栄した中生代最後の時代（約1億4500万〜6600万年前）。“白亜”とは，この時代に形成された石灰質の地層の色にちなむ。気候は非常に温暖で，裸子植物とシダ植物中心の森林が広がっていたようだ。

ペルム紀

古生代最後の時代で，約2億9900万〜2億5200万年前をさす。この時代の地層が露出する場所として広く知られる，ロシアの「ペルミ（地名）」から名前がつけられた。

ヘレフォードシャー微化石群

イギリス西部のヘレフォードシャーで発見されたシルル紀の微生物群のこと。ヘレフォードシャーの化石群は，化石として残りやすい殻などの硬組織だけでなく，化石として残りにくいえらなどの軟体部も残されているのが特徴である。

おわりに

これで『古生物のせかい』はおわりです。いかがでしたか？

ティラノサウルスやトリケラトプスといった恐竜やプテラノドンのような翼竜は，誰もが知っている古生物でしょう。ほかにも，三葉虫やアノマロカリス，アンモナイトやマンモスなど，一度は名前を耳にしたことがある生き物も登場したと思います。

しかし，古生物の多様性は，私たちの想像をはるかにこえるものがあります。まるで“甲冑”を身にまとったような魚や巨大なワニ類の祖先など，想像をこえた生き物たちのオンパレードに，最後までワクワクしながら読んでいただけたのではないでしょうか。

本書で紹介しきれなかった古生物たちは，まだまだたくさんいます。よく知られている古生物でも，研究が進むことで，それまでの定説や知られていた姿形が大きく修正されこともあります。きっとあなたも，すっかり古生物のとりこになっていることでしょう。

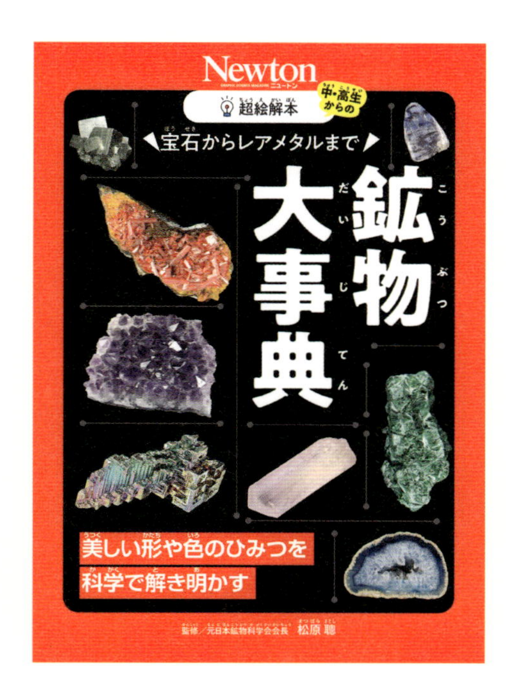

ながめて楽しい！　読んでおもしろい！
鉱物の魅力をたっぷり解説！

ダイヤモンドにルビーなど，
美しく輝く宝石たちのひみつ

帯電したり，干渉で色づいたり
個性豊かな鉱物たち

―――目次（抜粋）―――

【「鉱物」とは何だろうか】地球の活動で岩石は生まれる／鉱物の分類方法と名前のつけ方／規則性のない「非晶質」とは／空洞の中の美しい結晶「ジオード」【宝石としても愛される身近な鉱物】宝石の価値は七つの要素で決まる／古来から人々を魅了してきた「金」／独特の色合いをみせる「トルコ石」／不純物のちがいで「アメシスト」や「虎目石」になる【まだまだある　個性豊かな鉱物たち】熱を加えると発光する「氷晶石」／光源によって色が変わる「クリソベリル」／緑色に光るふしぎな「オートナイト」／光の干渉で美しく輝く「ムーンストーン」【私たちの暮らしに欠かせない鉱物】スマホや自動車にもレアメタルがいっぱい／セラミックの製造に使う「ジルコン」／熱に強いガラスができる「テレビ石」／息をのむほど美しい結晶の世界　　　ほか

Staff

Editorial Management	中村真哉
Cover Design	秋廣翔子
Design Format	村岡志津加（Studio Zucca）
Editorial Staff	上月隆志，谷合 稔

Photograph

12	shota/stock.adobe.com
43	（レッセロプス）iStock.com/Aneese，（アサフス・エクスパンサス）iStock.com/LorraineHudgins
66	wildestanimal/stock.adobe.com
118	JL Photography/stock.adobe.com
119	Vladimir Melnik/stock.adobe.com
128	Mark Kostich/stock.adobe.com

Illustration

表紙カバー	Newton Press，number/stock.adobe.com，加藤愛一
表紙，2	Newton Press，number/stock.adobe.com，加藤愛一
8-9	Newton Press，山本 匠，藤井康文
10〜19	Newton Press
21〜27	Newton Press
28-29	藤井康文
30-31	小林 稔
32〜37	Newton Press
38-39	藤井康文
40-41	Newton Press
43	Newton Press
44〜47	藤井康文
49	Newton Press，加藤愛一
50-51	Newton Press
52-53	藤井康文
54-55	Newton Press
56-57	藤井康文
57	number/stock.adobe.com
58〜63	藤井康文
64-65	Newton Press
67	number/stock.adobe.com
68-69	小谷晃司
70-71	おさとみ麻美
72〜75	藤井康文
76-77	Newton Press
78-79	Newton Press
79	Newton Press・風 美衣
80-81	Newton Press
82-83	藤井康文
84-85	Newton Press
86-87	山本 匠
88	Mineosaurus/PIXTA
88-89	山本 匠
90-91	Newton Press
92〜94	Newton Press，山本 匠
95〜97	Newton Press
98-99	Newton Press，Mineo/stock.adobe.com
100	Newton Press
100-101	藤井康文
102-103	Newton Press・風 美衣
104-105	岡本三紀夫
106-107	藤井康文
108-109	Newton Press
109	加藤愛一
110-111	Newton Press，Mineo/stock.adobe.com
112〜117	藤井康文
120-121	藤井康文
122〜125	Newton Press
126-127	藤井康文
128-129	Mineo/stock.adobe.com
131	藤井康文
132-133	加藤愛一
135	中西立太，warpaintcobra/stock.adobe.com
136-137	黒田清桐
141	Newton Press

本書は主に，ニュートン別冊『新・ビジュアル 古生物事典』，ニュートン大図鑑シリーズ『古生物大図鑑』の一部記事を抜粋し，大幅に加筆・再編集したものです。

監修者略歴：

甲能直樹／こうの・なおき
国立科学博物館地学研究部生命進化史研究グループ長。筑波大学大学院生命環境科学研究科教授。理学博士。横浜国立大学大学院教育学研究科修士課程修了。専門は哺乳類古生物学。

三葉虫、アノマロカリス、恐竜…個性豊かな太古の生き物たち

奇妙な生き物のオンパレード 古生物のせかい

2024年10月30日発行

発行人　松田洋太郎
編集人　中村真哉
発行所　株式会社 ニュートンプレス
〒112-0012東京都文京区大塚3-11-6
https://www.newtonpress.co.jp
電話 03-5940-2451

ISBN978-4-315-52856-5